JN198541

# おとなのための動物行動学入門

今福道夫
Michio Imafuku

昭和堂

# まえがき

私は「知遊」という冊子に、これまでにいくつかの話を書いてきた。この冊子には俳優や芸術家、歴史家など様々な分野の文化人の文章や話題が含まれている。私は動物行動学を専門とすることから、科学的立場とりわけ動物行動学やその周辺の分野について書いてきた。動物行動学は、動物や人間の行動を幅広い視点から理解しようとする学問であるが、冊子では雌雄のやり方の違いや能力における学習と遺伝の関係、また利己性や利他性の問題などを扱った。さらに私たちの作業効率や創造性、人口問題などにも触れた。

こうした原稿を書くにあたりとりわけ留意したのは、冊子のタイトル「知遊」が意味するように、「知って、遊ぶ」つまり「あまり知られていなさそうなことを、分かりやすく、おもしろく書くこと」であった。

この冊子の配布先は限られているので、一般の人々にも幅広く見ていただけるよう、私の原稿を一冊の本にまとめた。本書が、空いた時間の適当な気晴らしに役立てば幸いである。

# 目次

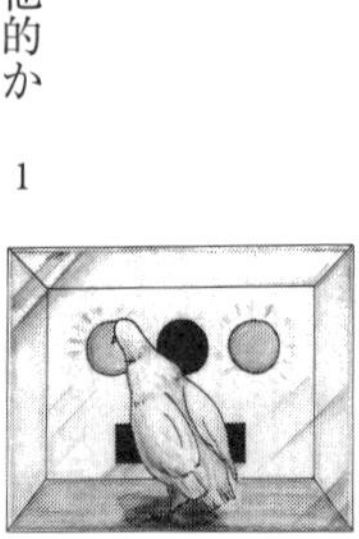

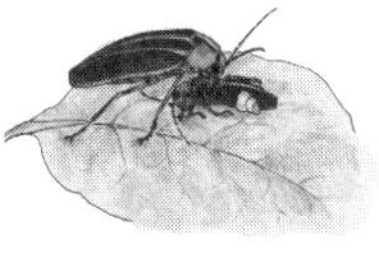

# 福祉的な感覚――コウモリはなぜ利他的か

動物は基本的には自己中心的である。彼らはしばしば餌や雌をめぐって争う。だが、ときには他の個体のために尽くす行動も見られる。傷ついた仲間を支えるクジラ。親を失った子に授乳するライオンの雌。こうした利他行動は動物の世界ではあまり多くはないが、私たちの世界ではかなり広く見られる。なぜ私たちの世界では「利他性」が浸透しているのだろう。ここでは、動物や私たちの利他性に関する話を紹介しよう。

## 航空機事故と動物行動学

増谷文雄の『仏教百話』（筑摩書房）に、こんな話がある。お城の高楼に上がったコーサラの王妃は、王からの質問に答えて「この世で一番いとおしいのは、私自身である」と告白する。逆に王に尋ねると、やはり同じ答えであった。つまり、二人にとって一番大切なのは、それぞれ自分自身なのである。これは、常々宗教者の説く教えとは相反するように思われた。そこで王はジェータ林の精舎を訪れ、仏陀（ブッダ）にこの疑問を投げかけた。意外にも、仏陀の答えは二人の考えに肯定的だった。自分自身を重んじてよろしい、というのである。だが、仏陀の言葉は続く。あなたがあなた自身を思いやるように、ある人にとっても一番大切なのは、その人自身なのである。だから他者を害してはならない、と諭したという。

この話で仏陀の説法の巧みさも然ることながら、ここでは自分自身が最も大切だという、王妃の正直な告白に注目したい。私たちのほとんどは自分自身を中心に考えている、といっても過言ではないだろう。さだまさしの歌に「主人公」というのがある。人生という劇場のなかでは、自分自身が主人公なのである。だれもが自分を中心に考えることは、とりわけ悪いことではなく、ごく自然なことであろう。

では、こんな話はどうだろう。一九八二年一月一三日、米国のポトマック川に、すぐ脇のワシントン・ナショナル空港から飛び立ったボーイング七三七が墜落した。ご記憶の方もあるだろう。飛び立った直後のことで、川に落ちたということもあって、幾人かの人が水面に脱出することができた。やがて到着した救助ヘリコプターは、浮き輪を降ろして順次川のなかの人たちを救い上げて行った。パイロットがある男性に浮き輪を降ろしたところ、彼はそれを近くの人に譲った。その後もう一人に浮き輪を譲り、結局彼は冬の冷たい水のなかで、救助を待つ二人の女性にそれを譲ったのである。そして最後にヘリコプターがその男性のもとに戻ったときには、もうその姿はなかった。

このニュースはテレビで放映され、世界中の感動を呼んだ。人々は、この男性の行為を敬意をもって賞賛した。当時の米国のロナルド・レーガン大統領は「偉大な栄光、彼にはこの言葉こそふさわしい」とたたえた。この男性の行為は、どう見ても自己中心的とは思われない。その行為が賞賛を浴びるのは、本来私たちのもつ自己中心性を超越していたからだろう。だが、どうしてこうした行為が行われ、また私たちは、このような行為に対して感動する心をもちあわせているのだろう。

## 利他的なコウモリ

動物たちの振る舞いや習性をいろいろ調べる動物行動学という世界では、動物は基本的には利己的なものと考えている。利己行動とは、自分自身に利益をもたらすが、他者には不利益をもたらす行動である。これとは反対に、自分自信が不利益を被るにもかかわらず他者に利益をもたらす行動は、利他行動と呼ばれる。動物の行動を見ていると、そのほとんどが利己的なものであることに気づく。餌をめぐる争い。雌をめぐる争い。行動生態学者のウィリアム・ハミルトンは「利己的な群れ」と題す

休息するコウモリの集団

る論文のなかで、しばしば協力的と見られがちな動物たちの群れが、それぞれの個体が利己性を追求することによって生ずるメカニズムを説いている。
　こうした動物たちの利己的な一般的傾向に反して、あまり多いとはいえないが、ときに利他的な行動も見られる。米国カリフォルニア大学生物学教室のジェラルド・ウィルキンソンは、中米に生息するチスイコウモリで面白いことを見つけた。
　このコウモリは、ふつうのコウモリと同様、昼間は洞窟や樹洞のなかに群れをなして隠れているが、やがて夜が近づくとそこを抜け出して餌を求めて徘徊する。彼らの求める餌は、チスイ（血吸い）コウモリの名が示す通り、鳥やけものたちの血液なのである。あの有名な吸血鬼ドラキュラのモチーフでもある。彼らはおもにウシやウマなどの家畜にそっと近づいて、鋭い歯で皮膚に傷をつけて血を舐める。血の流れが滞らないよう、彼らの唾液には血液の凝固を阻止する物質が含まれている。こうして腹を満たしたコウモリは、明け方までにはもとの隠れ家に戻ってくる。

このコウモリ、夜に現れて血を吸うという暗いイメージに似合わず、いいところがある。けもの相手の採餌は必ずしも楽ではない。常に成功するとは限らない。餌を採れずに空腹のまま戻って来るものもかなりいる。それはそうかもしれない。襲われるけものの側にしてみれば、そう易々と血を吸われてはたまらない。コウモリの気配を感じたけものは、侵入者を追い払おうとする。私たちが、蚊を追っ払ったり叩いたりするのと同じである。かくして不幸にも餌を採れなかったコウモリは、すごすご洞窟に帰って来るのだが、有り難いことに、満腹のコウモリから餌のいくぶんかを分け与えてもらえる。つまり採餌に成功したコウモリは、せっかく手に入れた餌

寝入ったブタのお腹に忍び寄るコウモリ

の一部を吐き戻して仲間に分け与えてやるのである。「吐き戻す」というと不潔に聞こえるかもしれないが、容器や自由な手を持たないコウモリや鳥、またタヌキなどでは、ごくふつうのやり方なのである。

不幸な者に餌を施すコウモリのこの行動は、明らかに利他的とみなせる。その個体は与えることによって食物を失って損をし、受け取る個体は食物をもらって利益を得るからである。こうした利他的な行動をコウモリたちが互いにやり取りしているのを、ウィルキンソンは見つけた。

## 「利他のやり取り」がもたらす両者の利得

ところで、不幸なコウモリは餌をもらえないと、どうなるのだろう。このコウモリは体重五〇グラムと、ほ乳類のなかでも小さい。体が小さくかつ体温を保たなければならない小型ほ乳類は、ほとんど常に食べていないとやって行けない。それは、小型の動物は体の体積に比して表面積が相対的に大きいからである。だから常に食べて、体表から失われる熱を補う必要がある。ひとたび食事をしたら何日も平気で過ごせる大型のライオンのようなわけにはいかない。ウィルキンソンは、このコウモリがどのくらい空腹に耐えられるか調べた。コウモリに餌を与えずに時間を追って体重を量っていった。理想的には餓死するまでこれを続けるべきだが、最近は動物愛護の観点からこうした手法は推奨されない。そこで限界値には、偶然餓死した個体のデータを当てはめた。こうして得られた結果が左の図の曲線である。ここでは平均的な体重を一〇〇%としてある。平均体重にある個体は、はじめは急速に体重を減らすが、次第に減り方が緩やかとなり、体重が七五%ほどになるとついに寿命が尽きる。つまり、彼らが平均体重をもつなら六〇時間ほどは生きられる。裏を返せば、彼らは二日半食物を取らないと餓死する。体重の少ない個体は、その少なさに応じて残りの寿命が縮まる。

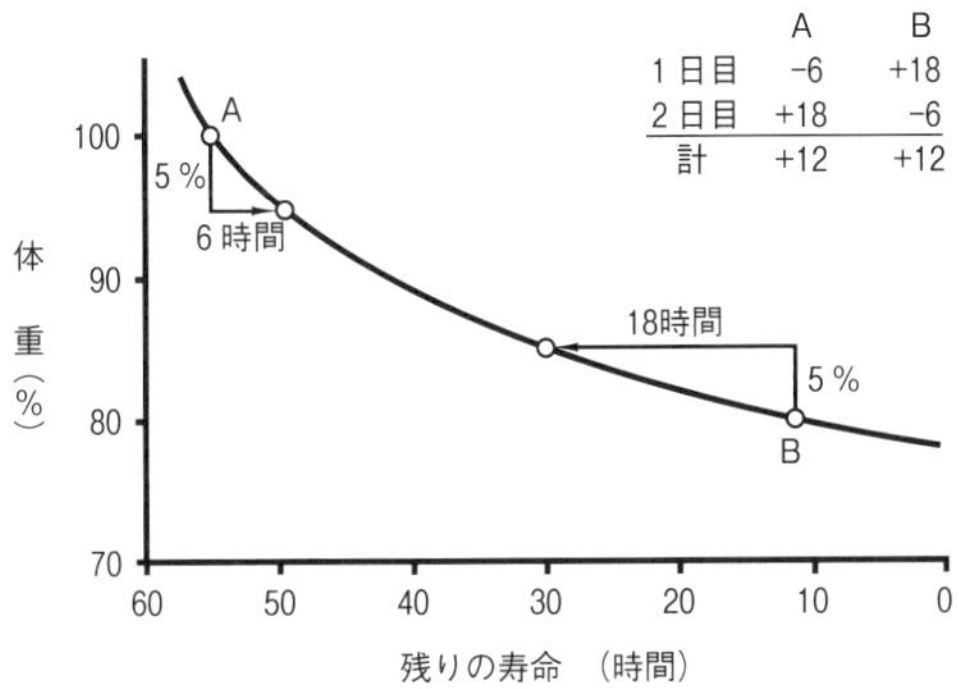


体重と残りの寿命の長さの関係（Wilkinson 1984 より改変）

さてここで、与える者と受け取る者の損得の程度を考えてみよう。今かりに平均体重にある個体が、その体重の五%に相当する餌を、あと半日も生きられない体重八〇%の空腹の個体に与えたとする。与え手（図の曲線上のA）は体重を減らして六時間の寿命を失うが、この餌の受け手（B）は実に一八時間の寿命を得る。つまり、体重五%という同じ量の餌が、与え手と受け手に違った効果をもたらしている。与える者の損失に比して受ける者の利得が大きい点に注意したい。

さて次に、この利他行動がやりとりされる場合を考えてみよう。今ここにAとBの二匹のコウモリがいて、一日目はAが利他行動をしてBが受け手となり、二日目にはAが受け手となってBが利他的に振る舞うものとする。Aは一日目に寿命の六時間を失い、二日目に一八時間の寿命を得るので、差し引き一二時間のプラスとなる（図の右上）。同様にBは、初日に一八時間を受け取るが二日目に六時間を失うので、やはり差し引き一二時間のプラスである。つまり、利他行動の交換によって、A、Bどちらも一二時間寿命を延ばすという利益を得ている。ここでのポイントは、与え手の損失（六時間）に比して受け手の利得（一八時間）が大きいことである。もしこの関係が逆転して、行為に関わる損失が受け取ることによる利得を上回るなら、やり取りの結果は両者ともマイナスとなり、この利他行動の交換は成り立たなくなる。行為者の損失に対する受け手の大きな利得、これが重要な点である。この条件さえ整えば、自己を犠牲にしてでも他のために尽くす行動のやり取り、「互恵制」が成立する。

## 一万円が語る互恵の論理

私たちの世界にも、互恵的状況は幅広く入り込んでいるようである。今ここに大金持ちがいて、かりに一万円札を落としたとしよう。この出来事で、彼あるいは彼女には多少の不快が心をよぎるかもしれない。だが、だからといって今夜予定している寿司やビフテキが変更されるとも思えない。これに対し、明日をも知れない乞食がこの一万円札を拾ったら、非常に喜ぶはずだ。うまくやれば、彼あるいは彼女はコンビニのおにぎりやパンで一〇日近く食いつなげるだろう。同じ一万円札でも、その価値は持つ者によって大きく異なる。この一万円札を寄付と置き換えることもできる。大金持ちのこの程度の寄付は、とりわけ彼の生活を変えないだろうが、それが非常に困った人に配分されるなら、大助かりである。

以前に俳優の黒柳徹子がブラウン管のなかでアフリカ難民への救援を訴えていた。先進国である私たちの多少の援助でも、困窮のなかにある難民には大きな救いとなるだろう。たった一杯のカップラーメン。それを私たちが省略しても餓死するようなことはない。しかし、泥や砂混じりの穀物を口にしている難民の子どもたちにとっては、すべてが食べられる温かい一杯のカップラーメンは、美味しく栄養豊かな食べ物に違いない。

こうした関係は金銭的なものに限らない。私たちの社会では、公共の乗り物のなかでは若者は年寄りに席を譲ることになっている。とりわけ法律で決まっているわけではないが、何だかそうなっている。体力のある若者が席を立つことは、たいした苦労ではない。一方、足元もおぼつかない非力な老人がゆっくり腰掛けられるのは、たいへん有り難いことである。若者は立ち上がることによって多少の疲労を感じるだろうが、その疲労に比して老人の座ることによる利益は、はるかに大きい。だから、この逆は成り立たない。混んだ電車のなかで腰の曲がったお婆さんが「どうぞ」と青年に席を譲ったら、青年は腰を抜かすに違いない。老人に席を譲った若者たちも、いずれは年老いて老人になる。そのときこの暗黙のルールがあれば、その時点での若者から席を譲ってもらえるはずである。ひとたび失ったわずかな損失は、老後に大きな利得として返済されるのである。

## 心に刷り込まれた互恵の生き方

ところで、コウモリたちはなぜ利他的に振る舞うのだろう。仲間が餌乞いに来ても、頑として拒絶してもいいはずである。彼らには教育もないだろうし、ましてや倫理観などもないはずである。恐らく彼らは、単に不遇の者にせがまれると自ずと反応してしまうようにできているのに違いない。

こうした習性の広まる過程はこうだろう。今ここに、餌乞いの要求に応じる習性をもつ利他的なグループと、要求に応じない非利他的なグループがあったとしよう。前者のグループでは互いに食物のやり取りがなされるため、それぞれに多少の不遇があったとしても、互いに補い合って何とか穏便に生き長らえることができる。これに対して後者の非利他的なグループでは、餌の採れない不遇な個体は死に追いやられる可能性が高く、仲間はポツポツと数を減らしていくだろう。かりにある期間をうまく生き長らえた個体がいたとしても、ときには餌にありつけない日が続くこともあろう。そうしたとき周囲の個体はすでに数を減らしており、しかもかりに身近に仲間がいたとしても、彼らは餌を分け与える習性をもっていない。こうして後者のグループは次第に衰退していくに違いない。利他的習

餌を求めて、夜空へ

性をもたないコウモリは、このようにして次第に消えていったのだろう。一方、利他的習性をもつコウモリは、生き長らえて子孫を残し、そこで産まれた子どもたちは親の利他的な習性を受け継いで、同じように「もちつもたれつ」でうまくやっていくだろう。このような過程の結果、現在のコウモリたちは利他的に振る舞っているのだろう。

私たちは進化の歴史のなかで森林から草原へと出てきた。草原には強力な牙をもつライオンがうろついていたり、俊速なシカが走り回ったりしていた。そこで身を守ったり狩りをしたりするのには、お互いの協力が欠かせなかったはずである。複数の者が交代で見張りをしたり、追っ手と待ち伏せに手分けして狩りをしたりする必要があっただろう。だが、こうした単なる数や力の寄せ集めだけでは不十分だったかもしれない。多数の者が平和に暮らしていくためには、それぞれがもつ弱点を互いに補い合う互恵的なメカニズムも作用していたと思われる。
私たちの世界は絶えず動いている。富める者はいつかはその富を失い、持たざる者はその努力によって経済的勝者となるかもしれない。力のある者が非力となり、弱い者が力を得るというのは、よくあることだ。健康を自慢する者が病に冒されないという保証はどこにもない。様々な変動をはらむ世界において、その底にある者に対して、力や富や健康に余力のある者がその一部を提供する互恵的なシステムは、支える者にも支えられる者にもプラスに作用したはずである。それは、世界を豊かな心地よいものにしたに違いない。それだからこそ、私たちは今日の繁栄を手にすることができたのだろう。

私たちは、互恵制の背後に潜む複雑なメカニズムを理解していなくとも、それを直感的に感じとって行動しているようである。道路を横断する目の不自由な人に手を差し伸べようとしたり、車道に飛び出した幼児をとっさに救おうとする感覚は、それを私たちが親や先生から教えられたからではなく、ちょうどコウモリの習性のように、長い進化の歴史のなかで私たちの奥深いところに刻み込まれたからのように思われる。

# 動物と数——彼らは、どこまで数を数えられるか

私たちの世界は「数」で満ちている。値段、時間、日づけ、降水確率、成績、予算、ゲーム差など。数値には単位が付され、性格づけられる。最近はポイントとかシーベルトといった単位をよく耳にするが、こうした単位も数値があってこそ存在価値がある。また、私たちは無意識のうちに数値を操作している。あれとこれで、いくら。おつりは、いくら。入学式まであと何日。五分遅れた……。そこでは、足し算や引き算が行われている。私たちの世界から数値を取り去ったら、一日として成り立たないだろう。では、動物たちはどうだろう。彼らに数の概念はあるだろうか。もしあるとしたら、彼らは足し算や引き算ができるだろうか。また、そうした彼らの能力を、私たちはどのようにしたら知ることができるだろう。ここでは、動物たちの「数」の話をしよう。

## 「多い」「少ない」の区別

かなり以前に、子どもの問題集の裏表紙に面白い話を見つけた。ある農夫が畑を荒らすカラスを排除しようと、銃を持って小屋に隠れた。だがカラスは気づいているようで、一向にやって来ない。そこで二人が小屋に入り、しばらくして一人が帰ってみた。しかしカラスは近寄らない。今度は三人が行って二人が帰る、というように次第に人数を増やしていった。そしてついに五人が行って四人が帰ったところ、カラスは安心してやって来て仕留められたという。カラスには四以上の数は識別できないようである。しかしこの話は言い伝えであり、その真偽は分からない。いずれにせよこうした話が残っているのは、人々が動物の「数」に対する能力に高い関心をもっていたことの表れである。

もう少し信頼できる話をしよう。一七世紀に活躍したイギリスの博物学者ジョン・レイは、ツバメでこんな実験をした。ツバメはふつう卵を五個ほど産むが、レイはなぜこの数なのか疑問をもち、ある日親の留守中に卵を一つ盗んでみた。するとツバメは翌日には卵を一つ産み足していた。そこでまた一つ取り去ると、また産み足した。こうしてレイがこの操作を繰り返したところ、ツバメは実に一九個の卵を産んだあと、巣を放棄して飛び去った。ツバメは明らかに多数の卵を産む能力があるのに、ふつうはある数で止める。こうした実験からレイは、鳥が数を数えるかどうかは分からないが、少ないか多いかは区別できると、書き残している。

## 一、二、三、たくさん

では動物は、実際にはどのくらいの数を把握できるのだろう。上空から池に降りようとするカモは、そこに仲間がいないのか、一羽いるのか、たくさんいるのか、くらいは区別できるだろう。だが、池に一六羽いるのと一七羽いるのとを区別できるだろうか。そこで、動物がいくつまで数えられるか調べた研究を紹介しよう。

ハーバード大学心理学教室のマーク・ハウザーたちは、プエルトリコ島に住む野生のアカゲザルを調べた。アカゲザルはニホンザルに極めて近い種で、よく実験に使われる。調べるのに適したサルが見つかると、サルから五〜一〇メートルほどの距離に二人の実験者が二メートル離れて陣取り、それぞれ蓋のない空き箱のなかに八等分にしたリンゴの切り身を入れる。その数は常に一方が他方より多くする。たとえば、一方が二つなら他方は三つというように。切り身を入れたあと実験者は箱を置いて立ち去り、サルに自由に選ばせる。一つの実験には、一五頭のサルを調べた。

まず、切り身〇と一つでやってみた。すると一五頭のサルすべてが一つの方を選んだ。これは当然かもしれない。次に一つと二つにしてみた。結果は、一つを選んだのが一頭、二つを選んだのが一四頭と、ほとんどの個体が多い方を選んだ。二つと三つ、三つと四つでも、ほとんどの個体が数の多い方を好んだ。しかし四つと五つでは、結果が大きく違った。四つを選んだのが七頭に対して五つを選んだのが八頭と、評価は割れた。つまり四と五では、どちらが多いか分からないようだった。五つと六つでも同様の結果となった。つまりサルは、三つまでならほとんど常に数の多い方を選んだが、四つ以上では区別ができなかった。どうやらサルは、数について「一、二、三、たくさん」といった認識をもっているようである。

ついでながら、ハウザーたちはこんな追加的実験もしている。量を同じにして数を変えてみた。つまり、一方には一個のリンゴを二等分にした切り身一つを入れ、他方には六等分にした切り身三つを入れてみた。どちらもリンゴの量は二分の一個相当で等しい。調べた一五頭のサルのうち一二頭が三つの方を選んだ。どうやら彼らは「数が多いのはいいことだ」と思っているようである。

自然界のアカゲザルの実験では、彼らは比較的小さな数までしか認識できなかった。これに対し、室内実験では、動物にはかなり大きな数を扱う能力のあることが示されている。とりわけハトでは驚くべき結果が得られている。動物の能力をテストするのに、スキナー箱というのがよく使われるが、これはアメリカの心理学者バラス・スキナーが考案した箱(ケージ)で、そのなかにはボタンやランプ、レバー(押すとスイッチの入る短い棒)、餌の出てくる皿などが備え付けられている。そこに入れられたネズミは、たとえばレバーを押して餌を得るように訓練されると、すぐにこれを覚える。三回押し

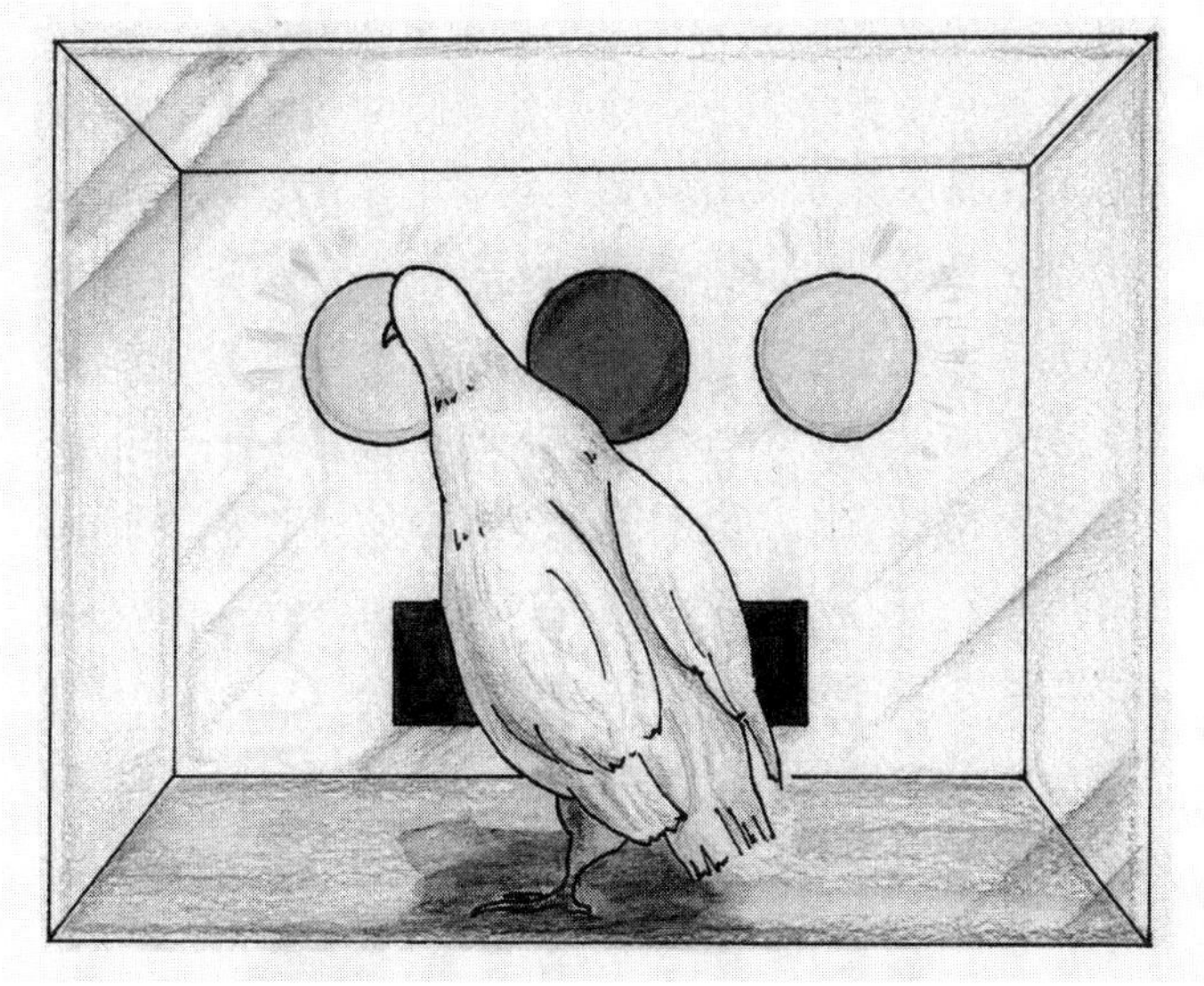
スキナー箱のなかで、ボタンをつつくハト

たら餌がもらえるように教えると、これも容易にやってのける。さらに二四回を覚えさせることもできる。この場合には、二三回や二五回押したのでは餌は出てこない。

さて、ハトの実験である。ケージには三つのボタンがあり、左のボタンは四五回に対応しており、右のボタンは五〇回に対応している。実験者が中央のボタンを点灯するとハトはこれをつつき、ハトが四五回あるいは五〇回つつき終えたところで、実験者はこのランプを消す。そして両側のランプを点灯する。するとハトは、中央のボタンをつついた数を思い出して、適切なボタンの方に行って、それをつつく。たとえば中央を四五回つついたら、左のボタンをつつく。こうした実験から、彼らは五〇くらいまでの数なら数えられるようである。

## ベルリン生まれの「賢いハンス」

ところで、動物は足し算や引き算ができるだろうか。この問いについてすぐ思い浮かぶのは、「賢いハンス」である。このドイツ生まれの雄馬、実に賢いことに「二＋三」や「六－二」の計算ができた。いや、それどころではない。掛け算や割り算もこなしたそうである。ハンスは、カードに書かれた式に対して、ヒズメで床を叩いて答えた。答えが五なら、床を五回叩いた。こうした優れた能力ゆえ、彼の名には「賢い」が冠せられた。一九〇四年九月四日のニューヨーク・タイムズ紙には、「ベルリンのすばらしいウマ」と題して、飼い主のフォン・オステンとともに写真入りで、その勇姿が紹介された。

こうした賢いウマがいるとなると、当然その能力を疑うものが出てくる。「あれは、まやかしではないか」と。そこで、心理学研究所のカール・シュトゥンプ所長をはじめ、ベルリン大学生理学教授、獣医、動物園園長など一三人からなる「ハンス委員会」が結成され、ハンスの能力が検討された。そして一九〇四年九月一二日の鑑定書では、「ハンスの能力に誤謬は見当たらない」と結論された。

ところがこのウマ、実は一つも「賢くなかった」のである。ウマに限らずイヌでも飼い鳥でも、動

群衆の前で解答するハンス

物たちはしばしば人間の心理をよく見抜く。それまで手や肩の上で自由に遊んでいたブンチョウも、飼い主がケージに入れようとすると、高いところに逃げて降りて来ない。イヌも「ぼちぼち散歩に」と思っていると、素早くそれを察知して玄関へと先回りする。賢いハンスは、実は人間の微妙な表情や動作を読み取っていたのである。たとえば答えが五のとき、ハンスを見ている人は、ウマが床を五つ叩くことを期待する。そこで床の音が五つまでは息を飲んで見守るが、五つを打ったとたん何となくホッとする。この微妙な人間の心理を読み取って、ハンスは反応していたのである。その証拠に、カードに書かれた数だけ床を叩くという単純なテストで、出題者が答えを知っているときには九八％正答したにもかかわらず、出題者が答えを知らないときには、わずか八％しか正答できなかった。明らかにハンスは数でなく、人を見ていたのである。

かくして賢いハンスの正体は暴かれてしまった。もしハンスが本当に賢かったら、それは偉大な能力である。彼は単に足し算や引き算ができただけでなく、カードに書かれた「二」や「六」といった文字を理解し、かつ「+」や「−」といった記号の意味も理解していたことになるからである。

## 一+一=一に驚く

では動物たちは、本当に計算ができるのだろうか。文字や記号を理解しない動物の計算能力を調べるのには、多少の工夫がいる。そこで、こんな実験が行われた。

これも先と同じプエルトリコ島のアカゲザルで、ハウザーたちが行った実験である。前面にスクリーンを備えた箱と、ナスをいくつか用意する。スクリーンの裏には隠しポケットがあり、ナスを箱に入れることもできるし隠すこともできる。スクリーンを上げたとき、箱のなかはよく見える。さて、実験に耐えられるくらい落ち着いたサルが見つかると、その前に箱をセットして準備に取りかかる。彼らは新しいものに興味を示すので、まず、実験セットに慣れさせる。たとえば、ナスが一つ入った箱を見せたり、スクリーンで隠した箱のなかにナスを一つ入れる動作を見せてからスクリーンを上げたりする。こうした慣れの操作のあと、本実験にとりかかる。本実験では「期待通り」と「期待を裏切る」テストが行われる。「期待通り」のテストでは、たとえば、ナスが一つ入った箱を見せておき、スクリーンを降ろしてからナスを一つ追加するのを見せ、スクリーンを上げる。そこにはナスが二つある。これが「期待通り」のテストである。つまり一＋一＝二である。「期待を裏切る」テストでは今とほとんど同じ操作をするが、スクリーンを上げたとき、ナスが一つしかなかったり（一＋一＝一）、三つあったりする（一＋一＝三）。「期待通り」のテストと「期待を裏切る」テストで、サルがどのくらいの時間、実験セットを見つめるかを測定する。

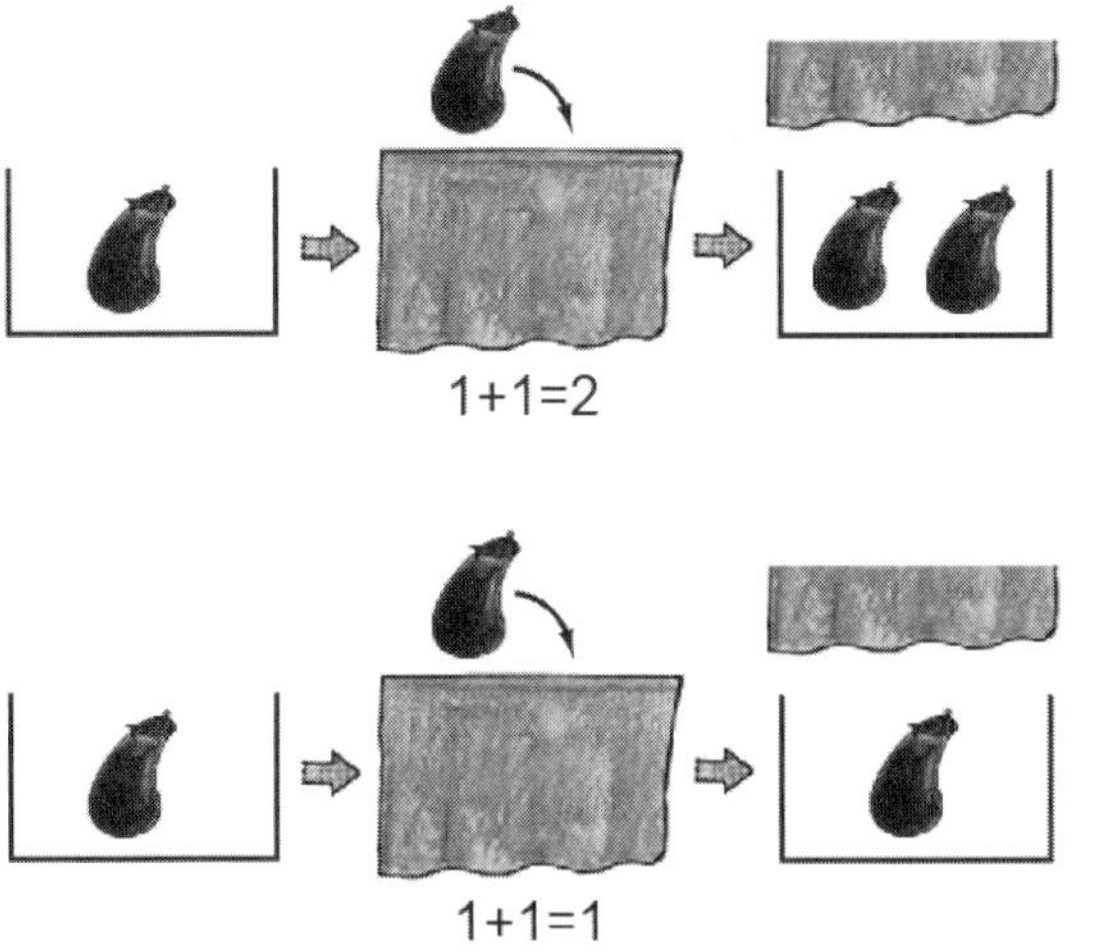

期待通り（上、1 ＋ 1 ＝ 2）と期待を裏切る（下、1 ＋ 1 ＝ 1）テスト（Hauser et al. 1996 より改変）

この実験、操作は簡単だが実際には三人の実験者を必要とした。一人は、ナスを箱に入れたりスクリーンを降ろしたりする操作係。二人目は、サルの凝視時間を記録するための撮影係。サルは仲間が近づくと気を逸らしたり、ときには喧嘩に発展したりすることもあるので、三人目は仲間を追い散らす取締係である。

さて実験結果であるが、「期待通り」のテストでは凝視時間が〇・八秒だったのに対し、「期待を裏切る」テストでは三・六秒もかかった。明らかに、期待を裏切られたときには、サルは実験セットをいつまでも見続けた。いかにも「これは変だ」と感じているようだった。「変だ」

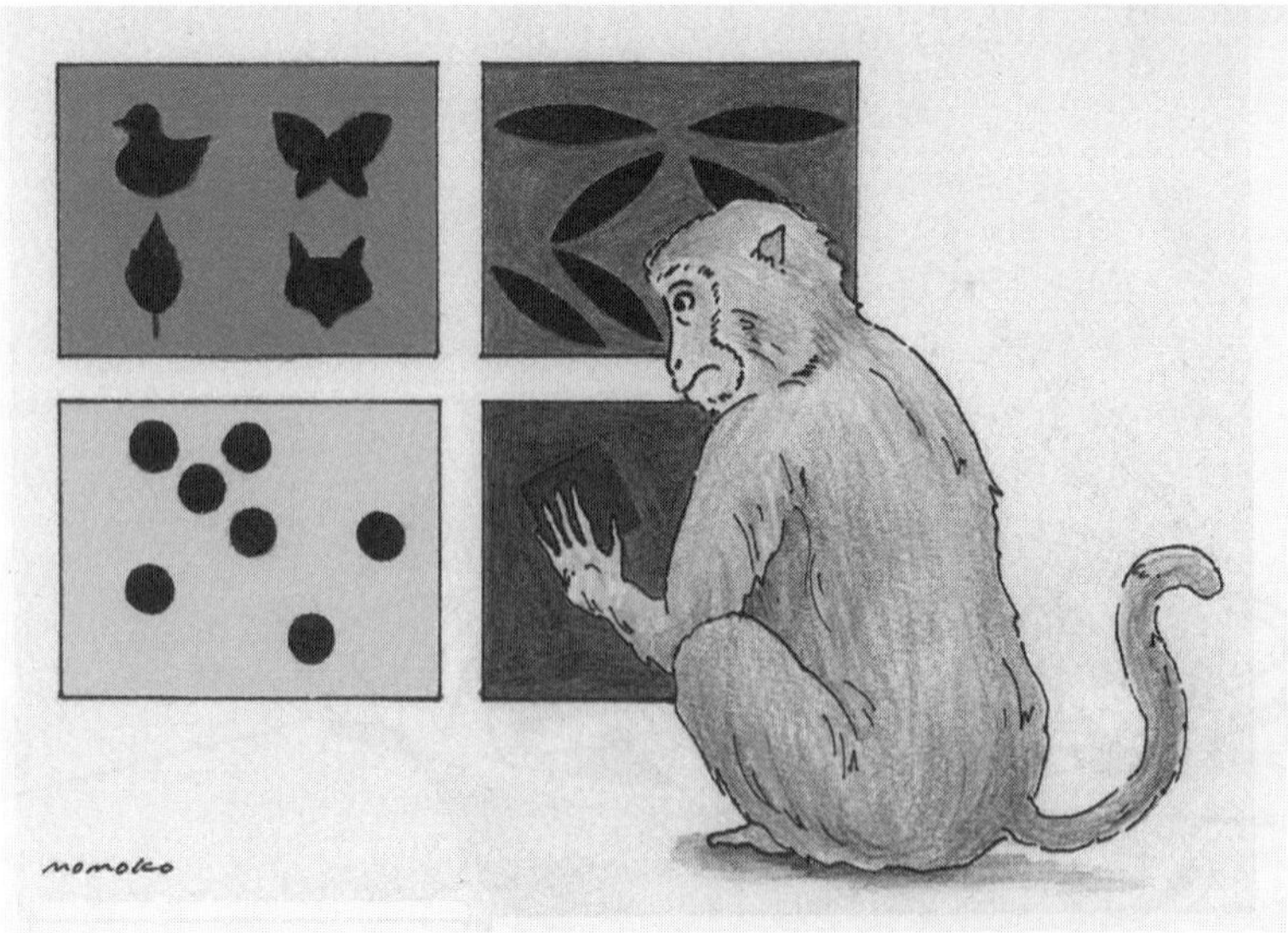

タッチパネルの四枚の絵に触れるサル

と感じるのは、計算ができるからである。計算のできないものには、変もなければ驚きもない。アカゲザルはちゃんと足し算ができるのである。

同様のテストで、引き算の能力を調べることもできる。たとえば、「期待通り」のテストでは二－一＝一を、「期待を裏切る」テストでは二－一＝二をやればよい。実験結果は同様で、引き算においても「期待を裏切る」場合には「期待通り」の場合より、明らかに凝視時間が長かった。簡単な計算なら、足し算でも引き算でも彼らはできるのである。

ちなみに、アリゾナ大学心理学教室のカレン・ウィンは、ナスではなくミッキーマウスの人形を使って人間の五ヶ月齢の乳児を調べた。結果は同様で、言葉も文字も分からない幼い乳児でも、ちゃんと計算はできるのである。

数は足したり引いたりすることもできる一方、他の数と比較することもできる。五は四より大きいが、二や三よりも大きい。動物は数の大小関係を理解するだろうか。

コロンビア大学心理学教室のエリザベス・ブラノンたちは、飼育下のアカゲザルでこの能力を調べた。丸や四角といった図形が一個から四個描かれた絵四枚を同時にサルに見せ、図形の数の少ないものから順に選ばせる訓練をした。タッチパネルに映し出された絵を、サルは順次触れていくのである。こうしたテストでは数だけが問題になるよう、図形の大きさや形、色などはバラバラにする。たとえば、大きな青い四角が一個、小さな赤い三角が二個、ウマの影が三個、微小な黄色い丸が四個、といった具合である。この訓練では、サルが間違えるとその時点で音がなり、やり直しになる。偶然うまくいった場合には餌がもらえる。こうした訓練を数百回。サルは最終的には誤らずに一→二→三→四とパネルに触れるようになった。ひとたびこれを理解すると、サルは一から九までの数でも、これをやってのけた。つまり、一→四→七→八でも五→六→七→八でも正しく解答した。

## 「取り引き」は大切だった

かくして動物たちは、ある程度の数なら識別でき、基本的な算術をこなし、数の大小関係を理解することが分かった。一方、私たち人間は動物たちに比べればはるかに大きな数を扱うことができるし、また複雑な微分や積分をやってのけたり、虚数などというものも考案した。私たちのこうした数学的能力は、どのようにして発達してきたのだろう。

大昔の私たちの祖先は小さなグループで暮らし、ちょうど動物たちがやるように、しばしば互いに争いをしていたに違いない。争いでは、ふつう少数派は多数派にかなわない。そこでは、大雑把な数の把握が必要だっただろう。しかし「敵は五〇だが、こちらは四九だ」といった細かい算定はほとんど無意味だっただろう。

より正確な数の取り扱いは、私たちが取引をするようになってからだと思われる。ヤギ一頭と複数の魚を交換する際、大雑把なやりかたは不利だったに違いない。そして、複数のヤギに対応するためには多数の魚を必要とし、そこでは大きな数が扱われるとともに、掛け算が考案されたかもしれない。また分配には割り算が必要だっただろう。こうして私たちの祖先はより複雑な計算を発明し、それは文字や記号と結びついて、さらに高度な数学へと発展していったのだろう。私たちの数に対する高度な能力も、その根本は、動物たちが必要に迫られて日常的にやっていた、初歩的な算術から出発したに違いない。

# 氏か育ちか――遺伝と学習のはなし

私たちの性格や能力は生まれながらに決められているのだろうか。それとも経験によって形づくられるのだろうか。これは「氏か育ちか」の問題として古くから問われてきた。心理学や生物学の分野では、これを「本能か学習か」、あるいは「遺伝か環境か」というかたちで扱っている。

一般には、答えはおおむね分かっているようである。親が優れた俳優だと子どももその方面に長けているのはよく見かけることだし、小学校しか出ていないのに独学で頑張って立派な実業家や政治家になった人も少なくない。だから、ものごとは「氏」か「育ち」かといった両極端な話ではなく、その両者が適当に作用しているだろうというのが一般的な受け止め方である。

人間を含めて動物の行動を生物学的に見ていこうとする動物行動学の世界では、この問題をどう考えているのだろう。

## 動物は白紙で生まれてくるか

一六世紀のイギリスの哲学者ジョン・ロックは、人間は本来タブラ・ラサ（白紙）であって何の性格も生得的観念もなく、人間に知識や観念を与えるのは経験だけである、と述べている。もしこれが正しいのなら、周囲の人々や教育者はその白い紙にどんな絵でも自由に描き込むことができるだろう。だが本当にそうだろうか。私たちは白紙で生まれてくるのだろうか。

米国ウィスコンシン大学のジーン・サケットはアカゲザルでこんな実験をした。サルの赤ん坊を出生直後から白一色の世界に置いて、何も見たことのないサルを育て上げ、ある時期に突然自分たちの仲間を見せたらどう反応するか調べた。母親から引き離したアカゲザルの子を、真っ白なケージに入れて、お乳は白衣に白帽子で白マスクと白ずくめの仮親が、白い哺乳瓶で与えた。こうして育てられた小ザルは半月もすると体がしっかりしてくるので、この頃から実験を始める。

白いケージの壁の一面はスクリーンになっていて、外からプロジェクターで写真を投影すると、なかからもこれが見える。見せる写真は四種類あって、大人のサル、子ザル、大人雄が威嚇する怖い表情、そして机の上の電気スタンドや夕暮れの海岸といった、サルを含まない中立的なもの。

こうした写真をはじめて見せられたサルは、スクリーンに近づいたり声を上げたり様々な反応をす

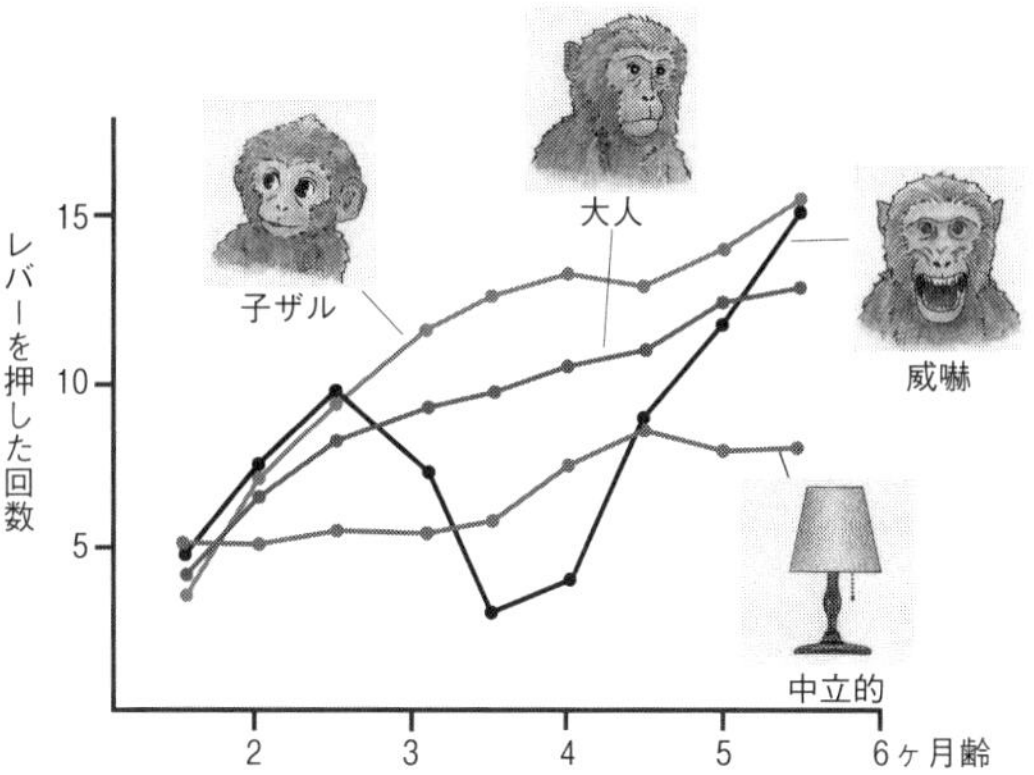


子ザルの写真への好み（Sackett 1966より改変）

るが、定量的な反応が得られるよう、ケージの隅に小さなレバーを取り付けておく。何も見えない世界に置かれたサルは、以前からそれに興味をもち触れていた。写し出された写真は一五秒経つと消えてしまうが、偶然サルがレバーを押すと、再度同じ写真が一五秒間映写される。サルはレバーと映写の関係をすぐ理解する。写真が消えるたびにサルがレバーを押すと、テスト時間は五分なので、合計二〇回映写することができる。この映写回数を、サルの写真に対する好みの指標として調べた。

白い世界で育てられた半月から六ヶ月齢のサルが最も好んだのは子ザルの写真だった。次に大人のサル。そして最も好まなかったのは中立的な写真だった。とりわけ興味深いのは威嚇の表情に対する反応で、「白紙」のサルは最初はこれを好んだが、ある時期に急にこれを避けるようになった。その反応は中立的写真以下になってしまった。この威嚇の表情に対する一時的な忌避は、私たちの子どもに見られる「人見知り」と対応するかもしれない。いずれにせよ、白い世界で育ったサルの子は異なる写真に異なる反応を示した。

この実験から、いくつかのことがいえる。中立的な写真より仲間の写真の方を好んだので、サルは生まれながらに自分の仲間を知っているだろう。また、大人のサルと子ザルを識別することもできる。さらに、一度も叱られたことがないのに威嚇の表情を避けるので、子ザルは威嚇の表情の意味を知っているはずである。明らかにサルは何かを持って生まれてきている。「白紙」で生まれてきているわけではない。同様に私たちも、白紙などでは生まれて来ないのだろう。

## 訓練のいらない上達

アカゲザルの実験では、彼らが何かしらをもって生まれてくることが分かった。経験がすべてを形づくるわけでないことは明らかである。生後の経験が必ずしも関与しない例をもう一つ紹介しよう。私たちはものごとの上達に訓練といった経験が重要であることを知っている。楽器の演奏、スポーツ、語学いずれもそうである。だがなかには、その上達に必ずしも経験の関与しないケースもある。シカゴ大学の動物心理学者エックハルト・ヘスは、ヒヨコを使った実験から、このことを示した。

ヒヨコやニワトリは地表の小さな粒をよくついばむが、親のニワトリは狙いが正確だが、幼いヒヨコはあまりうまくない。ちょうど私たちの幼児が、ものをうまく掴めないのに似ている。ヘスは、孵化後一日目と四日目まで成長したヒヨコを対象に、つつきの上達の様子を調べた。

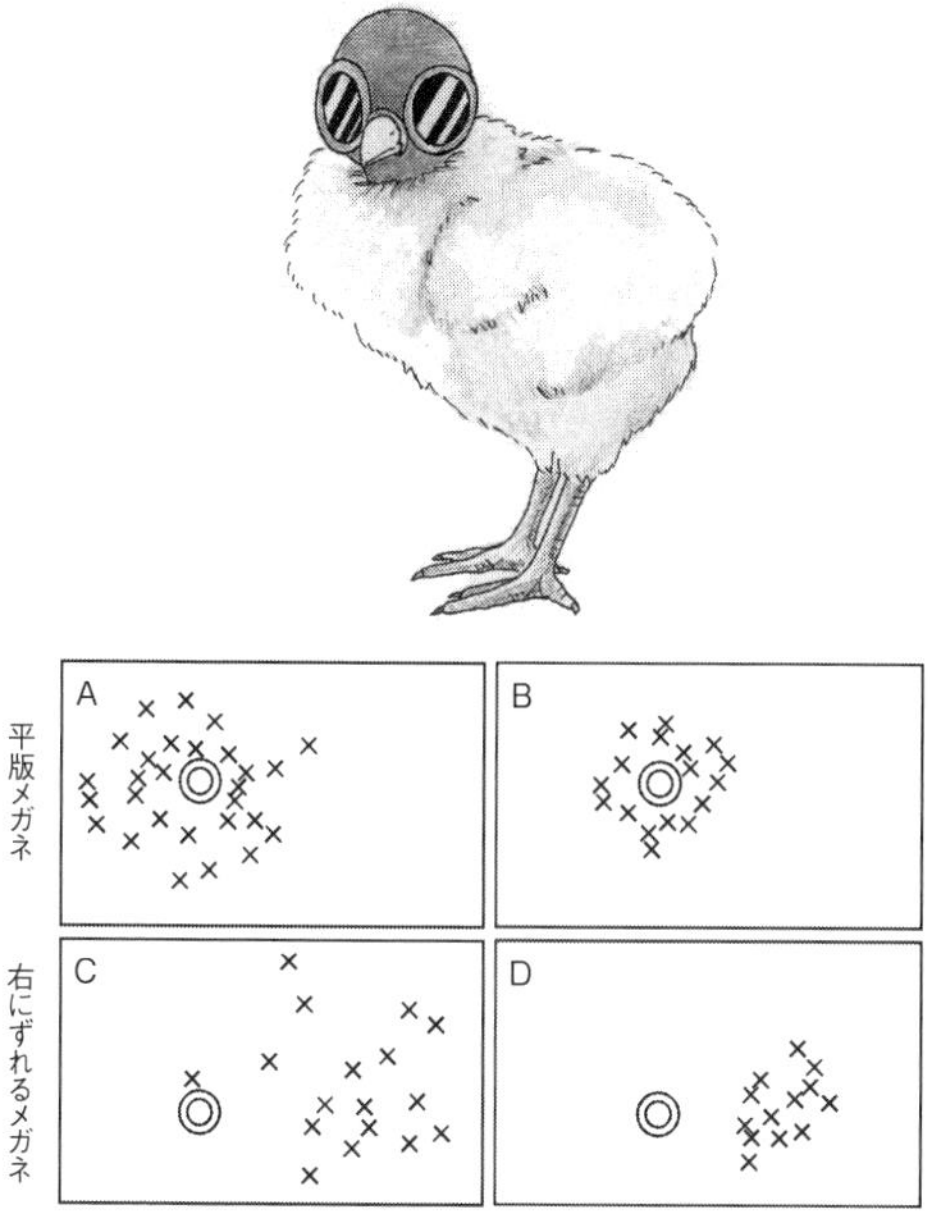


メガネをかけたヒヨコ（上）とつつきの跡（下、×はつつきの跡で◎は釘の頭）（Hess 1956 より作成）

彼らのつつきの位置が正確に記録できるよう、粘土に釘を差し込んで、その頭だけを表面に残してヒヨコに提示した。このような装置だと、ヒヨコは釘の頭を狙ってつつくが、その位置は粘土面に窪みとして残される。また、正確な行動が餌という報酬と結びつかないよう、見たものが七度右ないし左にずれるメガネの付いたフードをヒヨコにかぶせた。フードをかぶることによる影響を考慮するため、正常な視覚のヒヨコには、像のずれない平板なガラスのメガネの付いたフードをかぶせた。ヒヨコの頭にメガネを取り付けるのには、かなりのテクニックがいるだろうが、手の大きな西洋人にも結構器用な人がいるものである。

こうした実験の期間中、ヒヨコはメガネを付けたままだが自由に地面の餌をついばむことができる。さて、正常なメガネをかけたヒヨコの生後一日目の記録だが、前頁の図のAに見るように、釘の頭を中心にかなりばらついている。あまり正確なつつきはできていない。しかし生後四日目のヒヨコのつつきは、Bに見るように、かなり釘の頭の周辺に集中している。明らかに上達が認められる。これは餌への正確なついばみの結果のように見える。

では像が右にずれて見えるヒヨコの行動はどうだろう。生後一日目のつつきは右にずれたまま、かなりばらついている(C)。生後四日目には、つつきは右にずれたままだが、かなり集中している(D)。つまり、ずれていようが見たものを狙うという行動は上達している。この上達には、的確な行動をするとそれが強められる「学習」が関与していないのは明らかである。ずれて見えるメガネでは餌が取れないからである。にもかかわず行動の上達が見られる。これには、おそらく孵化後の成長による筋肉や神経の発達が関係しているのだろう。

私たちの世界には、経験によって改良される行動があまりにも多いので、すべてのものが必ずしもそうではないことを、ヘスは主張したかったのだろう。行動のなかには生まれながらにして、ちゃんと発達するように組み込まれたものもあるのである。

## 何でもできるわけではない

サルやヒヨコの実験は、動物たちが何かしらをもって生まれて来ることを示したが、これは後の経験が何の作用もしないということではない。経験は生まれもった傾向を助長するかもしれないし、抑制するかもしれない。また、新たなものを作るかもしれない。経験によって能力や行動が変わることを学習といっている。

動物の学習は古くから調べられてきた。なかでもとりわけよく知られているものに、ロシアの生理学者イワン・パブロフが見つけた条件反射がある。これは最近では連合学習ともいわれている。肉を与えられた空腹のイヌは唾液を流すが、肉を与える直前にベルを鳴らす操作を繰り返すと、ベルの音を聞いただけでイヌは唾液を流すようになる。ベルの音と肉を結びつけたのである。つまり連合させたのである。

その後、この種の研究はネズミやハトといった実験動物を使って、いわゆる実験心理学者によって大々的に行われ、多くのことが分かってきた。その成果は、動物は何でも学習できるかのような印象を与えた。しかし最近の研究は、学習の複雑な側面を明らかにしている。

たとえば、イヌについてこんな実験がある。目前にレバーを置いて、ブザーが鳴ったらレバーを押

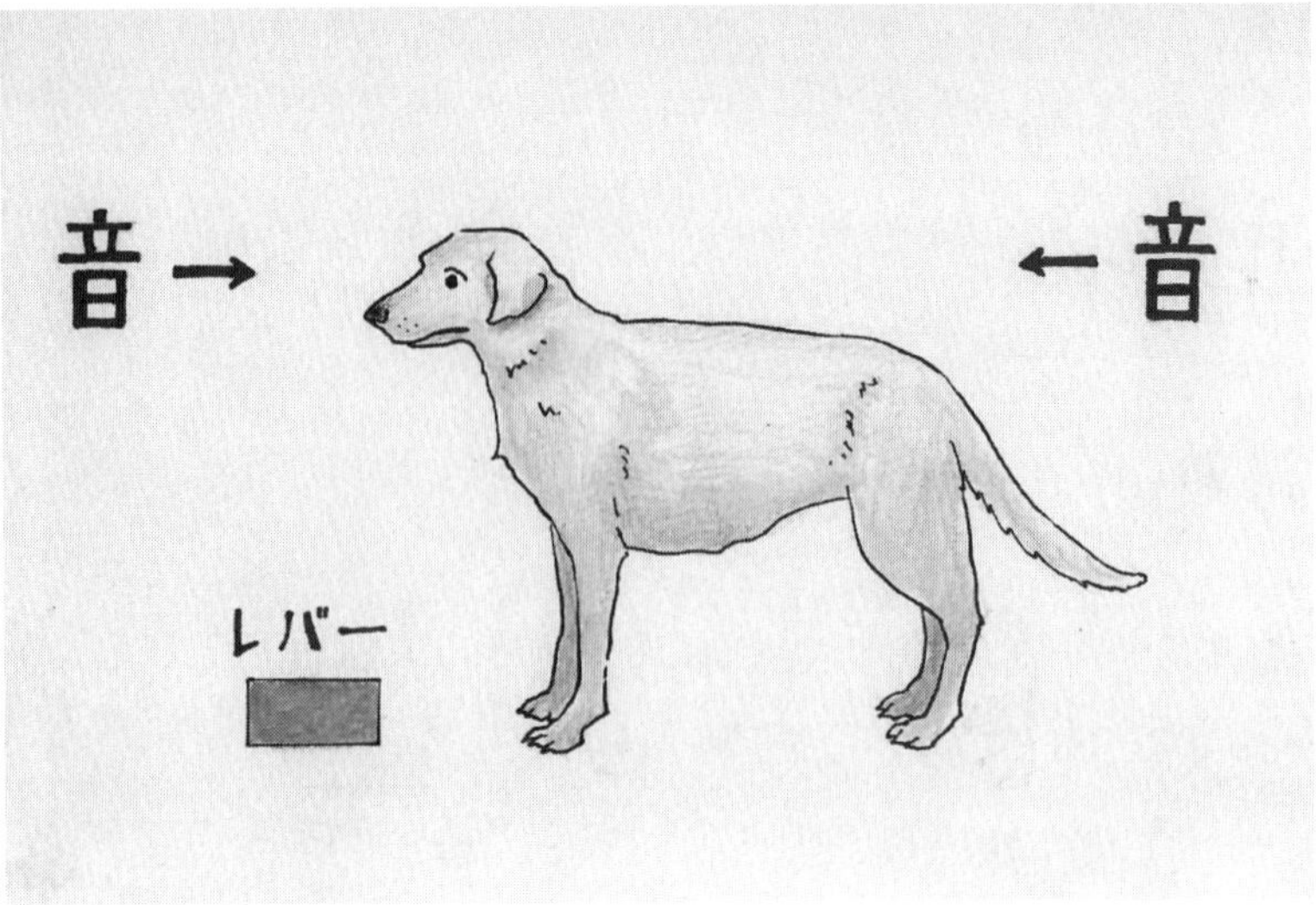


イヌの実験

してメトロノームが鳴ったときには押さないように教え込むと、イヌはこれを容易に学習した。しかし、ブザーが鳴ったときには左脚で、メトロノームが鳴ったときには右脚でレバーを押す学習は、なかなかできなかった。これは、イヌが右や左をうまく使い分けられないからではない。前方からのブザー音には左脚で、後方からのブザー音には右脚で応答する学習は容易にできたからである。しかし、前方からのブザー音でレバーを押して、後方からのブザー音で押さないようにするのは難しかった。つまり、前後という空間的情報を左右という空間的応答と結びつけるのは容易だったが、押すか押さないかという質的な応答と結びつけるのは難しかった。学習といっても、何でもできるというわけではないのである。

歌を学習するズアオアトリ

## 方言を使う鳥

ウグイスがホーホケキョと鳴くのは誰でも知っている。東北のウグイスも関西のウグイスもホーホケキョと鳴く。だから、小鳥のさえずりは遺伝的に決まっているだろうと考えがちだが、これは必ずしも正しくない。多くの小鳥の歌が学習にもとづくことは、よく調べられている。

ヨーロッパに広く生息するズアオアトリという鳥では、方言が知られている。この鳥の歌は種に特異的な基本的パターンをもっているが、生息する地域によって鳴き方に微妙な差がある。これを方言といっている。この鳥のヒナは、親鳥がさかんに鳴くのを聞いて育ち、その声を記憶する。だから、地域特有のパターンは代々受け継がれる。

ズアオアトリのヒナが聞いた歌を記憶するのは、実験的にも証明されている。この鳥の歌に手を加えた人工歌を、まだ鳴けない二ヶ月齢のヒナに聞かせると、翌年の繁殖期にこの鳥は人工歌そっくりの歌を歌う。このようにズアオアトリの歌は学習によるのだが、どんな歌でも学習できるわけではない。自分の種の歌や、別種でも似たような歌なら学習できる。

一方まったく歌を学習しない鳥もいる。ニワトリやハトの仲間がそうである。これらの鳥は仲間の歌を聞かなくても、親になると、たとえばニワトリならコケコッコーと、ちゃんと鳴ける。これと対照的なのが、複雑な歌を歌うヌマヨシキリである。彼らは、越冬地のアフリカと繁殖地のヨーロッパを行き来するあいだに多くの鳥と出会い、実に七六種の鳥の歌を模倣したと記録されている。

このように鳥の歌の学習は種によってかなり違うのだが、これは、それぞれの種が何をどこまで学習すべきかが遺伝的にプログラムされているからである。

## ミツバチは賢く、ハエは愚かか

では、何が動物たちの学習能力を決めているのだろう。ドイツ、フランクフルト大学のライナー・コルターマンは、化学物質を使ってミツバチに匂いと味を結びつける学習をさせた。砂糖水にわずかの植物の香り成分ゲラニオールを加えて、この香りが甘いことをミツバチに教えた。ミツバチはこれをすぐ学習して、砂糖のない香りだけの水に対しても強く反応するようになった。「あの香りは甘いはずだ」と記憶したのである。では、この記憶はどのくらい続くのだろう。コルターマンが日を追ってテストしたところ、反応は連日九〇%を超え、四日目になってはじめて八六%まで下がった。彼らは香りと甘さの結びつきをかなりよく覚えていたのである。

一方、宮城教育大学の福士尹《つかさ》さんは、イエバエを使って同様の実験をした。イエバエもすぐ砂糖水の甘い味と酢酸の匂いを結びつけた。しかし四時間後にこの記憶を調べたところ、反応は六〇%とかなり下がっていた。明らかにイエバエの記憶力は悪かった。

さて、この違いをどう考えたらいいだろう。ふつうの人はこう考えるかもしれない。「ミツバチはもの覚えがよく賢いが、ハエはすぐ忘れてしまうから愚かである」と。確かに「学習能力の高いものは、賢い」と考える傾向がある。しかし動物行動学者はそうは考えない。彼らは、動物たちの能力をその生活のなかで考える。ミツバチの利用するレンゲやアブラナの花は、たいてい一～二週間は咲き続ける。だから、ミツバチが「あのような形や香りの花は甘い蜜を提供する」と記憶するのには意味がある。一方、ハエの利用する腐った果実や小動物の死骸は、数日のうちに雨で流されたり、シデムシに埋められたりする。だから、ハエがいつまでもものを覚えているのは、必ずしも有利とはいえない。むしろ鋭い嗅覚を発達させて、新たな餌の探索に出かける方が得策なはずである。

大学の講義でこの話をしたところ、ある学生が「ミツバチはサラリーマンで、ハエは探検家なんですね」といった。頭の柔軟な若い学生は、なかなかいい発想をする。動物行動学者は、動物たちの能力はその種の生活様式によって決まる、と考えている。

## 学習する人間

さて、私たち人間はどんな生活様式なのだろう。遺伝よりも学習が有利になる三つの条件がある。一つは「長寿命」。もう一つは「周期的に変動する環境」、つまり同じようなことがたびたび起こる環境である。これら二条件は、ひとたび得た経験を後に生かす機会を与える。第三の条件は、親と子が共存する「世代の重複」である。この場合には、親の経験を子や孫に伝えることができる。私たち人間はこの三条件を備えている。だから、私たちは多くを学習するように遺伝的にプログラムされている。実際、私たちは語学やスポーツにおいて、練習や訓練によってその能力を大幅に改善することができる。

他の動物に比べれば、確かに私たちは格段に優れた学習能力をもつのだが、私たちのなかには学習能力に多少のばらつきがあるのも事実である。そうしたばらつきは、ある方面は得意だが別の方面は苦手だというように、方向性を含んでいることもあろう。ばらつきは、サルで見たように生まれながらのものかもしれない。また学習といっても、イヌで見たように何でもできるわけではない。こうした事実は、それぞれがもつ傾向を無視して、努力さえすれば何でもできる、といった考えを否定する。

私たちは学習能力が高いといえども、それぞれのもつ傾向を尊重しつつ、ものごとを進めるのがいいのではないかと思う。

# 視覚の世界を覗く——なぜ私たちは騙されるのか

私たちの生活のなかで視覚はきわめて重要な役割を果たしている。テレビを見、文字を読み、正確にボタンを押し、安全なドライブを可能にしている。しかし、ときに誤りを犯すこともある。なかには、ほとんど常に外界のものを誤って受け取るケースもある。このような知覚上の誤りを「錯覚」といっている。広辞苑には、錯覚とは「物を間違って知覚すること。知覚が客観的事実と一致しない場合をいう」と書かれている。なぜそのようなことが起こるのだろう。

視覚の世界のもう一つの面白い現象に、鏡による自己認知がある。鏡のなかの姿が自分なのか他人なのかという問題である。ここでは、視覚に関わる錯覚と鏡についての話を紹介しよう。

## なぜ騙されるのか

私たちが陥る錯覚には様々なものがある。風のある月夜の晩に空を見上げると、月が動いて見えることがある。実際には、月が動かずに雲が流れているのだが、私たちの目には月の方が動いているように見える。これは、通常、地上では、背景である山や建物は静止していてボールや鳥といった物体の方が動くため、私たちの感覚は、背景は動かないものと勝手に決めるからである。そこで背景のような雲は動かずに物体である月が動くと解釈してしまうのである。

よく引き合いに出される錯覚の例として、四一頁の上の図がある。このうち右側の「比較の錯覚」にある中央の円はそれぞれ同じ大きさに見えるだろうか。この錯覚は最近、スナック菓子の袋に「どちらがbigサイズ?」といった形で紹介されていた。また錯覚の面白い例として、安野光雅著の児童書『ふしぎなえ』（福音館書店）に、いくら登っても再び元の位置に戻ってしまう不思議な階段の絵が載っている。さらに最近では、小さな球が斜面を転がり上がる様子をテレビで見た。私たちの感覚は、相当騙されやすいようにできているようである。

ここでは少々クラシックだが、典型的な錯覚について深く見てみることにしよう。子どもの頃、図の左側に示した「ミュラー＝ライアーの錯覚」の図を描いて遊んだ。中央の線をまったく同じ長さにしておいて「真ん中の線は、どっちが長い？」と聞くと、ほとんど間違いなく誰もが左の方が長いと答えた。この錯覚は、もう一〇〇年以上も前にドイツの社会学者フランツ・ミュラー＝ライアーによって発表されて以来、世界中に広く知られている。私たちは、なぜそのような錯覚に陥るのだろう。

これについては、英国ニューカッスル大学のジェラルド・フィッシャーによる以下のような説明がある。まず「二人の人物」の絵を見ていただきたい。そこには二人の人物が、一人は遠くに、もう一人は近くに描かれている。左の絵の二人に物差しを当てて測ると、当然のことながら、遠い人物は小さく、近くの人物は大きい。物差しを使わずとも両者の差は明瞭である。しかし、「どちらの人物の方が背が高い？」と問われると、戸惑う。どちらもほぼ同じ高さに見えるからである。それは、同じ大きさのものでも遠くへもっていけば小さく、近くに置けば大きく見えることを、私たちが知っているからである。つまり、絵の構成のなかに距離を表す道路の幅や樹の高さなどがあるからである。網膜に映る像は小さくとも、「遠くのものは大きいはずだ」という補正がなされる。そこで右の絵のように、同じ大きさに描いた人物をこの絵にはめ込むと、遠くの人物は化け物のように大きく見える。明らかに網膜上のサイズを距離感が補正しているのである。このように、状況が変わっても同じものを同じように受け取る知覚の作用を「恒常性の維持」といっている。

では恒常性の維持は、錯覚とどのように関係するのだろう。「部屋の絵」のうち左側は、部屋のなかから部屋の隅を見たものであり、右側は部屋の外から部屋の角を見たものである。左の絵では、天井から電燈が吊り下がり、壁には額縁が掛かっている。壁の上は天井と、下は床と接している。この絵のなかで、部屋の隅は最も遠くにあり、したがって私たちの知覚は、「遠くのものは見た目より大きいはずだ」と語りかける。そこで部屋の隅の線は長いものと受け取られる。一方、右の絵は部屋を外から見たもので、壁には窓があり、壁の上は屋根と、下は地面と接している。この絵のなかで、部

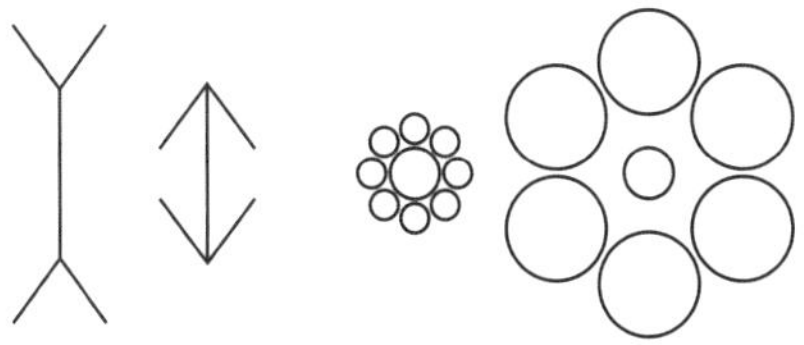

ミュラー＝ライアーの錯覚　比較の錯覚

錯覚の図

二人の人物（Day 1972 より改変）

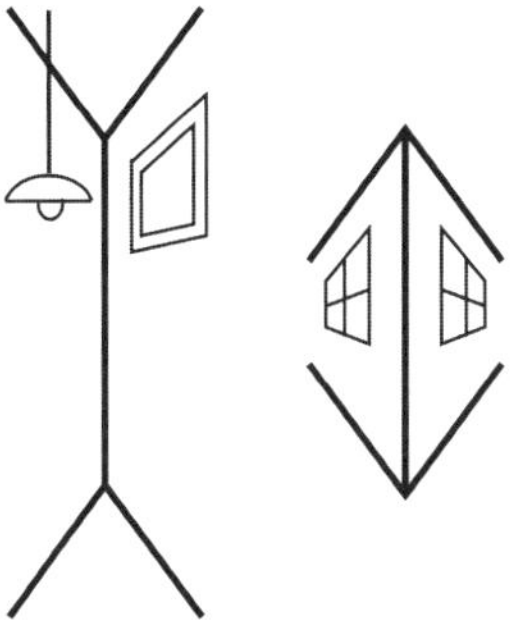

部屋の絵（Schober & Rentschler 1979 より改変）

屋の角は観察者にとって最も近いところにある。だから、私たちはこの線を実際より短いと感じる。こう考えると、ミュラー＝ライアーの錯覚の図を理解することができる。垂直な中央の線の両端に付けられた短い線が、距離感の指標となっているのである。

## 文明人は騙されやすいか

もしこの説明が正しいとするなら、ちょうど「部屋の絵」のような直線で構成された世界に住む人と、ほとんど直線のないまったくの自然の世界に住む人では、この錯覚に陥る程度に差があるかもしれない。予測は、直線の多い近代文明の世界に住む人ほど錯覚に陥りやすいというものである。このことを検証したのが米国シラキュース大学のマーシャル・セガールたちである。彼らは米国やアフリカなどに住む一七の民族を対象に、ミュラー＝ライアーの錯覚の図に対する反応を調べた。

手法としては、錯覚の図を見せてどちらの線が長いか尋ねる。その際、短く見える線が長かったり短かったりと様々な組み合わせの図を作っておき、でたらめな順序で提出してテストする。この調査のなかから、いくつかの民族の結果を示したのが「錯覚のグラフ」である。そこには、短く見える線を伸ばした割合（伸長率）に対する、騙された人の割合が示されている。伸長率がマイナスの場合は、縮めたことを意味する。

まず、典型的な都会人であるイリノイ州エヴァンストンの住民を見てみよう。当然のことながら、彼らは近代建築のなかに居住し、家の外もビルが立ち並ぶ直線的世界で生活している。彼ら一八八人の結果を見ると、短く見える線の伸長率が〇％のときには、ほぼ一〇〇％の人が騙される。これを伸ばしていくと騙される人は次第に減っていき、五〇％の伸長率ですべての人が騙されなくなる。

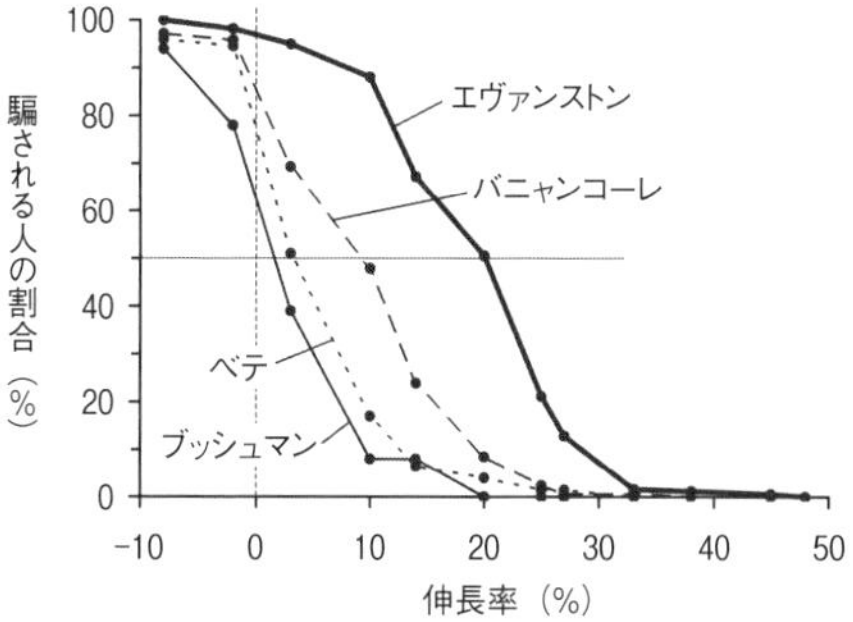


錯覚のグラフ（Segall et al. 1966 より改変）

つぎに、まったくの自然のなかで暮らすブッシュマンを見てみよう。ブッシュマンはアフリカ南部のカラハリ砂漠に住む遊動生活をする狩猟採集民である。彼らは小さな半球状の草葺の小屋に住み、そこには寝るための敷物はあるが、他の家具はない。食器としてはダチョウの殻やカメの甲羅が使われ、ときに西洋風のナイフが見られることもあるが、ほとんど西洋文化は入っていない。まったくの自然のなかで暮らしている。ブッシュマン三六人の錯覚の図に対する反応は、都会人とかなり違う。短く見える線の伸長率が〇％のときには六〇％の人しか騙されない。これを伸ばしていくと騙される人の割合は急速に減少し、伸長率二〇％でみんな騙されなくなる。明らかに都会人より急峻な減少傾向を示す。

ある民族が騙される指標として、半分の人が騙されるときの伸長率（%）を錯覚指数とすると、エヴァンストンの都会人の錯覚指数は二〇、ブッシュマンは二である。つまり、都会人が騙されなくなるためには短く見える線を二〇%も伸ばす必要があったが、自然に暮らすブッシュマンではわずか二%伸ばすだけで騙されなくなった。明らかに都会人の方が騙されやすい。

もう一つ自然世界に住むベテ族を見てみよう。彼らはアフリカ中部のコートジボワールに住み、農業を営んでいるが狩猟もする。彼らの住居は木を蔓でほぼ直角に結びつけた長方形のもので、泥で固められている。家具はその土地で作られたものだが西洋風である。民族学者によると、ベテ族は中程度に西洋化されているという。ベテ族七四人の反応は、ブッシュマンの反応に近い。半数が騙される錯覚指数は三ときわめて小さい。

最後に、アフリカの住民でありながら西洋文化の影響の強い、ウガンダのアンコーレ地区の住民バニャンコーレを見てみよう。彼らは東アフリカの牧畜域に暮らすバントゥー族の一部で、ほとんどが農夫である。多くの家は泥製の長方形で、屋根は草葺である。家々は点在し、その間に布地や食器、ビン詰のソフトドリンクなどを売る店がある。行政の中心地では家はきちんと建てられ、数階建ての建築もある。典型的な家は正確な長方形で、裕福な家庭であれば窓枠や扉はきちんと作られ、屋根はトタン製である。家具も西洋風で、木製の折りたたみ椅子や長方形のテーブルが日常的に見られ、壁には四角い額縁に入った絵や雑誌から切り抜いた写真などが飾られている。かなり西洋文化の入り込んだ世界である。バニャンコーレ二二四人のミュラー＝ライアーの錯覚の図に対する反応は、かなり都会人寄りで、錯覚指数は九である。

以上のように直線的世界に住む人たちは、自然世界に住む人たちより錯覚に陥りやすい。この結果は、先に挙げた錯覚についての説明が正しいことを支持する。ちなみに、この調査を紹介した本のタイトルは「文化の視覚受容に及ぼす影響」(Segall et al. 1966) である。

## 鏡の世界

次に、鏡の世界を覗いてみよう。私たちは鏡を日常的に使い、そこに映った姿が自分のものであることを知っている。鏡の像を自分であると認知することを「鏡像認知」といっている。では人間の幼児や動物は鏡像認知ができるだろうか。以前にカーブ・ミラーに映った自分の姿を攻撃する小鳥の映像を見たことがあるが、その鳥は鏡像を他の個体と思い込み攻撃していた。鏡像認知はできなかったのである。

生まれてはじめて鏡を見せられた幼児や動物が示す反応には、一つのパターンがある。はじめて鏡を見ると、彼らは怖がったり攻撃しようとしたり手を差し延べたりする。こうした行動は他の個体に対するものと同じで、社会行動と呼ばれる。これに続き探索行動が現れる。鏡のなかに他の個体がいるか確認するように、鏡の裏に手を回したり、裏を覗いたりする。こうした行動に続き、鏡の姿が同じことをするのを確認するような協応行動が現れる。鏡を見ながら手を振ったり、体をゆすったりする。そして最終的には、鏡を見ながら舌を出したり自分の体の一部に触れたりする、自己志向行動が現れる。

社会行動や探索行動は鏡のなかの姿を他個体と見なした結果であり、自己志向行動は鏡のなかの姿を自分のものと認知した結果である。後者の行動が確認されたら鏡像認知ができたと見なせる。鏡像認知を証明する確実な方法として、マークテストがある。気づかれないように目の上や額に口紅などで印をつけて、鏡を見た幼児や動物が、鏡のではなく、自分自身の印に手を伸ばすかを調べる。これができるということは、鏡の姿を自分だと理解していると見なせる。このテストに合格すれば、鏡像認知ができたと判定する。

米国ノースカロライナ大学のビューラ・アムステルダムは、こうした基準で人間の幼児を調べ、幼児の鏡像認知が一歳半から二歳に成立することを明らかにした。

では動物ではどうだろう。米国テュレイン大学のゴードン・ギャラップは、人間に最も近いチンパンジーを調べた。彼らは最初は探索行動をしていたが、すぐに自己志向行動に移った。鏡を見ながら歯に挟まった食べかすを取ったり、鼻に付着したものを取り去った。またマークテストにも合格した。明らかに彼らは鏡像認知ができるのである。

サルの仲間では、チンパンジーに近いオランウータンで鏡像認知が確認されているが、ゴリラでは確認できなかった。また、チンパンジーとは遠縁のニホンザルやアカゲザルも鏡像認知はできなかった。したがってサルの仲間では、人間に近いごく一部の種でのみ鏡像認知が証明されている。こうした事実から、サル以外の動物では無理だろうと考えるかもしれない。しかし最近になってゾウとイルカで鏡像認知が報告された。

エモリー大学のジャシュア・プラトニックたちは、ニューヨークのブロンクス動物園で飼われている三頭のアジアゾウでマークテストをした。縦横二・五メートルの大きな鏡を取り付けた囲いにゾウを放し、鏡の背後にはビデオカメラを隠した。マークとしては、目の上に大きな白い×印をつけた。

鏡の前にやってきたゾウは、はじめは乗り出して鏡の裏を覗こうとしたり、鼻を鏡の裏に伸ばしたりしていたが、「ハッピー」と呼ばれる一頭の雌ゾウは、マークテストの初日に鏡の前で、白い×印を

鏡の裏を覗くチンパンジー

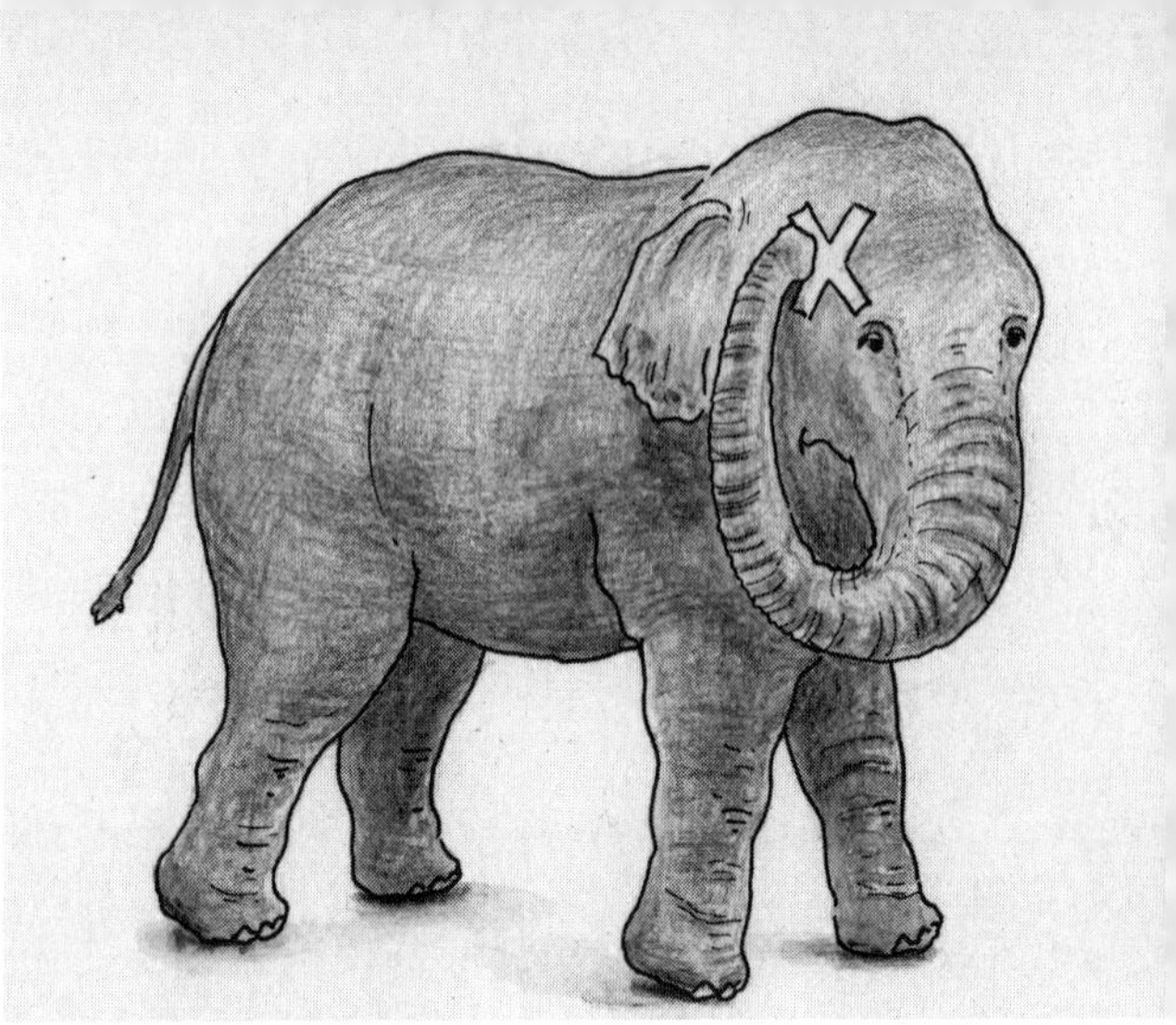

鼻先でマークに触るゾウ

鼻の先でさかんに触る行動をした。明らかに鏡像認知ができたのである。

ニューヨーク水族館のダイアナ・ライスたちは、水中に暮らすハンドウイルカの研究をした。大型の飼育水槽に鏡を取り付けて、彼らには見えない目の上や鰭の後ろなどに黒いマーカーで丸や三角のマークを付けた。体の一部にマークを付けると彼らはそこを気にするので、インクの代わりに水の入ったマーカーでマークをつける操作をして、黒マークの場合と、透明マークの場合での鏡に対する反応を比較した。またイルカは、チンパンジーやゾウのようにマークした点に手や鼻を伸ばすことができないので、鏡の前での詳細な行動をビデオで記録した。

黒マークのあるときと、ないときでは、明らかに前者の方が長い時間を鏡の前で過ごした。そこでは、口の下のマークに対しては首を伸ばすような姿勢をとり、左鰭の後ろのマークに対しては左の体側を鏡に向け続けた。さらに、マークを付けられた直後に彼らはすぐに鏡の前に行こうとした。面白いことに、透明のマークを付けた場合にも同じだった。

鏡は自分の体の一部を見るものだと知っているかのようだった。彼らは明らかに鏡像認知ができるのである。

これまでのところ鏡像認知の確認できた動物は、どれも群れを作って協同的な生活をする種である。協同生活では他者と自分をきちんと理解する必要がある。鏡像認知はこうしたことと関係するのだろう。

## 文化と知覚

最後に、人間に戻って文化の影響を見てみよう。アフリカ、ギニアのボッソウに住む子どもを、京都大学の井上徳子さんが鏡を使って調べたところ、先進国の子どもとの差が認められた。鏡像認知ができる年齢は、先進国では一歳半から二歳であるが、ボッソウの子どもでは三歳になってからだった。これは、ボッソウではほとんど鏡が使われていないからである。日常的に鏡を使う世界では、子どもは早くから鏡像認知ができるのである。

これまで錯覚や鏡の世界を見てきたが、どちらにおいても文化の影響が認められた。文明の進歩は、私たちの知覚世界を次第に変容させていくのかもしれない。

# 負けて得する争い——ヤドカリの世界を見る

争いではふつう負けたものが損をする。しかし、もし負けたものが得をするなら、それは逆説的で面白い。私はかつてヤドカリの行動を調べていたが、彼らにはそんな側面が見られる。どんなところが通常の争いと違うのだろう。ここではヤドカリの争いを含めて、彼らの世界を紹介しよう。

## 相手を引っ張り出すヤドカリ

ヤドカリの行動を調べようと思いたったのは、もう四〇年近くも前のことである。当時私は和歌山県白浜の瀬戸臨海実験所にいたが、北海道での学会の帰りに実家のある東京に寄った。そのとき、魚の研究をしていた友人が彼のフィールドである葉山に案内してくれた。海岸に到着すると彼は、そそくさとウェット・スーツを着て海に潜って行ってしまった。何の準備もない私は、仕方なく海岸の潮だまりでも見ることにした。

そこで偶然ヤドカリの集団を見つけた。一匹のヤドカリがもう一匹のヤドカリをひっくり返して押さえつけ、周囲には多数のヤドカリが見物人のように集まっていた。そのうち攻撃するヤドカリは、自分の貝殻を相手の貝殻に小刻みに激しくぶつけた。そして一休みし、またぶつけるという行動を繰り返した。幾度目かの殻をぶつける行動の最中、自分の殻に深く潜っていた襲われたヤドカリは、攻撃ヤドカリの鋏によって引っ張り出された。柔らかいお腹がむき出しとなった。

相手を殻から引っ張り出すヤドカリ

相手を引っ張り出した攻撃ヤドカリは相手の殻に移り、引き出された裸のヤドカリは攻撃ヤドカリが放棄した殻に入った。つまりヤドカリ二匹の間で殻の交換が行われた。この争いが終わると二匹のヤドカリはそれぞれその場を立ち去り、周囲の見物人も三々五々散っていった。潮だまりは静かで平和な海に戻った。

このヤドカリの行動は非常に興味を引いた。ヤドカリを殻から無傷で引き出すのは、私たちには至難の業である。無理にやるなら、鋏や脚はバラバラになり、頭は腹から千切れてしまう。ヤドカリはこの難事業を、殻をぶつける行動で難なくやってのける。

もう一つ面白いのは、引き出された哀れなヤドカリの立場である。彼は仕方なく攻撃者の放棄した殻に入るのだが、ことによると、これは彼にとっていいことなのかもしれない。たとえば小さい殻をもつ大きいヤドカリが、大き過ぎる殻をもつ小さいヤドカリを襲って殻を交換すると、両者ともちょうどいいサイズの殻をもつことになり、敗者といえども利益を得ることになる。彼らの世界は本当にそんなことになっているのだろうか。彼らの闘争を調べてみることにした。

## 漁夫の利を得るヤドカリ

白浜に帰ると、とりあえずヤドカリの闘争場面を探すことにした。ところが意外にも、そのような場面にはなかなか出くわさなかった。そうして見ると、友人に放置された退屈な時間は、実は貴重なひとときだったように思われた。ともかく丹念に時間をかけて探したところ、白浜でもそれなりに彼らの闘争を見つけることができた。

ヤドカリの殻交換。襲われた者が利益を得る場合（左）と不利益を被る場合（右）

ひと夏かけた観察から、いくつかのことが分かってきた。攻撃ヤドカリがかなり激しく殻を相手にぶつけても、ときに殻から決して出てこない強情者がいる。そんなときには次第に潮が満ちてきて、攻撃ヤドカリは諦めてしまう。だから攻撃されたヤドカリは、頑張れば殻を守り通すことができる。

また、ひとたび相手を殻から引っ張り出し、相手の殻に移ったにもかかわらず、元の自分の殻に戻ってしまう攻撃者もいる。どうも実際に入ってみないと、殻の良し悪しは分からないようである。

さらに、こんな闘争もあった。攻撃ヤドカリは相手を追い出してその殻に移ったが、その瞬間、攻撃者が捨てた殻に見物人の一匹が入ってしまった。相手の殻を奪った攻撃ヤドカリは、その殻が気に入らなかったのか自分の殻に戻ろうとした。ところが自分の殻はすでに見物人によって奪われており、やむなく見物人の放棄した殻に入った。最初に引っ張り出された裸のヤドカリは、結局もとの自分の殻に戻ることができた。この騒動では、攻撃者と見物人の間で殻の交換が行われたことになる。どうやら見物人は単なる見物人ではなく、混乱に乗じて漁夫の利を得ようと機会を窺っているようである。

さて私の関心事は、こうした殻の交換における関与者たちの損得勘定である。攻撃ヤドカリは利益を得ようと積極的に行動するので、たいていは得するだろう。問題は襲われた方である。前頁の左の図は、先に述べたように、襲われた個体が利益を得る場合である。争う両者はそれぞれ相手にとって最適サイズの殻をもっている。大型個体（右上）は小さめの殻で不満をもっており、小型個体（左上）は大き過ぎて重たい殻で苦しんでいる。この両者が殻を交換すると、どちらも最適な殻をもつことになり、互いに満足する。

しかし争いの敗者が損をする場合も考えられる。たとえば右の図のように、大型個体はきわめて小さい殻で大変苦しんでいるが、小型個体は最適な殻で幸せである。両者が殻を交換すると、大型個体はきわめて小さい殻から大きめの殻に移ってだいぶ楽になる。一方、小型個体は快適な殻から小さい殻へと押し込められて不利益を被る。

もしヤドカリの争いが前者のようなケースばかりだったら、彼らの世界は「負けても得する」素晴らしい世界といえよう。

## 「交渉」説と「一方的行為」説

ヤドカリの殻交換における損得勘定に興味をもったのは、私だけではない。米国ミシガン大学のブライアン・ハズレットは、ヤドカリの殻交換は「交渉」であり、敗者は損しそうなときには交渉に応じないでうんと頑張り、得しそうなときには速やかに交換に応じる、と主張している。そういえば襲われても決して殻から出ない強情者がいた。この場合には襲われた者は必ず利益を得ることになる。でも襲われたヤドカリは、殻に潜っているのに、どのようにして攻撃者の殻のサイズを知るのだろう。ハズレットによると、攻撃者がぶつける殻の音を聞いてそのサイズが分かるという。

これに対し、北アイルランド、クイーンズ大学のロバート・エルウッドは、ヤドカリの殻交換は攻撃者の「一方的行為」である、と主張している。襲われた個体は、殻の組み合わせによっては得をすることもあれば、損をすることもあるという。

ここで一つ写真を紹介しよう。この写真は一九九一年八月に京都で開催された国際動物行動学会議で、二人の外国人研究者が私のポスター発表を見に来たのを、偶然会場のカメラマンが撮ってくれたものである。左側が「一方的行為」説の主張者エルウッドで、右側は世界ではじめてヤドカリの行動の研究をしたハワイ大学のエルンスト・リースである。中央はもちろん私

学会会場での写真

だが、少々派手なシャツを着ている。実はこのシャツ、この会場で手に入れたのである。

だいたい動物の研究者は、自分の研究対象がデザインされた衣服を身につけたがる。トンボの研究者はトンボの、ヘビの研究者はヘビのシャツを着たがる。写真のリースは、この時点では魚を研究していたので、魚の柄のシャツを着ている。私のシャツには小さいながら、ちゃんとヤドカリがプリントされている。

この会場には、以前に私たちの研究室にいたタイからの留学生が来ていた。実は、彼がこのシャツを着ていたのである。彼はカタツムリなど貝の研究をしていたので、そのシャツには貝やカニがプリントされていた。よく見るとヤドカリもプリントされていた。私はそれまでヤドカリをデザインしたシャツを見たことがなかった。そこで彼にそれをどこで手に入れたか尋ねた。東京か大阪か、あるいは空港で買ったのかもしれない。しかし彼の答えは「タイで買いました」というものだった。さすがにタイまで買いに行くわけにはいかない。だが、次の瞬間ひらめいた。「君はこれをタイでまた買えるだろう。だからこれと取り換えてくれ」と、私は着ているシャツを脱ぎにかかった。すると彼は、「あっ、ちょっと待って下さい。明日にして下さい」という。理由はよく分からないが、明日でも換えてくれるのならそれでいい。その日は別れた。

翌日、彼は洗濯してきちんと畳んだシャツを、「どうぞ」と私に差し出した。これには驚いた。彼は、汗の付いたシャツを人にあげるのは失礼だと思ったのだろう。タイの人というのは、ずいぶん真面目なのだなあと感じた。そのシャツは今でも私のタンスのなかにある。

## 欠陥住宅は嫌い

さてヤドカリの殻交換における損得勘定だが、私は他の研究者とは関係なく自分なりに調べてみようと思っていた。しかし、損得の判定にはいくつかの難点がある。それは殻の評価が難しいのである。

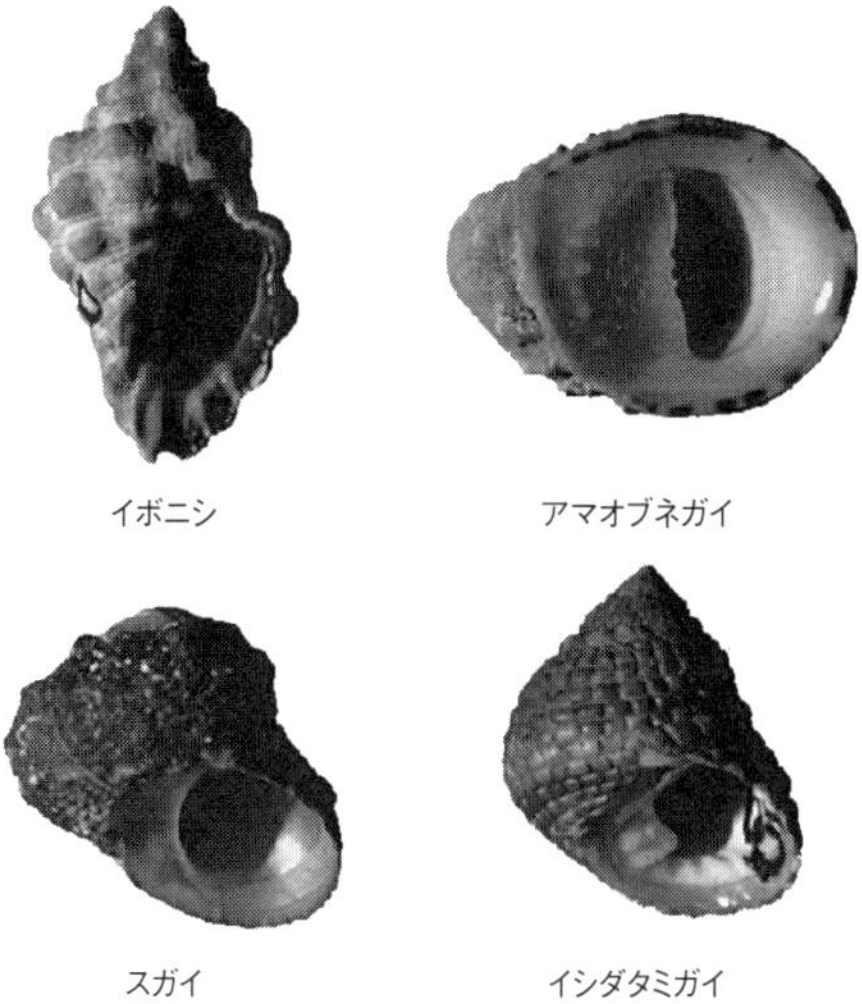

ヤドカリの好きな殻（左上）、嫌いな殻（右上）

殻のサイズが評価のうちの一つであるのは、すぐ分かる。だが、野外の彼らは非常に多様な貝殻を背負っている。あるものは口が欠けたり、壁に穴が開いたりしている。いわば欠陥住宅である。同じような形の二つの貝殻の一方に、ドリルで穴を開けたりペンチで口を割ったりしておくと、彼らは必ず欠陥のない方を選ぶ。彼らは欠陥住宅は嫌いなのである。私たちと似ている。

ヤドカリはまた、海岸にある様々な種類の貝殻を背負っている。細長いウミニナのような殻も背負えば、丸いイシダタミガイのような殻も背負う。いわば、一方は洋風で他方は和風なのかもしれない。彼らにはこうした住宅に好みがあるだろうか。選択実験をしてみると、やや長めで肉厚の、よく巻いたイボニシの殻を最も好む。一方、丸っこいアマオブネガイの殻は大嫌いである。彼らがこれを背負うと、野球帽をかぶったようで可愛らしいのだが、実際は嫌いなのである。理由は、殻のなかがちゃんと巻いていないためである。こうした両極端の種類の間に、中間的な好みのスガイやイシダタミガイがある。つまり貝殻の種類によって好き嫌いがある。

## なぜ負けても得するか

サイズ、欠陥、種類といったいくつかの要因をもつ殻を交換したとき、彼らの損得勘定をどう判定したらいいだろう。そこで、殻のサイズだけが問題になるような実験を考えた。貝殻の種類は、よく利用されているスガイに統一し、茹でて身を抜いた欠陥のない完璧な貝殻を使うことにした。そして大型個体は常に利益を得るが、小型個体は利益を得る「相利的」な場合と不利益を被る「一方的」な場合を作って、両条件下で殻交換の起こりやすさを比べた。

「相利的」と「一方的」のどちらも五四回テストしたところ、前者の交換率は九八％で、後者の交換率は九四％とほとんど差がなかった。また闘争時間にもはっきりした差はなかった。したがって小さいヤドカリは、利益を得るから素早く交換に応じ、不利益を被るから頑張ろう、などとは行動していない。先のハズレットの主張する「交渉」説は支持されなかったが、エルウッドの主張する「一方的行為」説は支持された。

ヤドカリの世界は争う両者が常に利益を得る「バラ色の世界」ではなかった。しかしそれでも、殻の組み合わせによっては敗者も利益を得ることがある。これは通常の争いとはだいぶ違う。どこが違うのだろう。

まず第一に、ヤドカリの場合には交換が行われる。通常の争いであれば、お菓子であれお金であれ、勝者はものを複数もつことができる。だから、必ずしも交換の形態をとらない。しかしヤドカリの場合には、殻を二つもつことはできない。そこで必ず交換となる。

では交換であれば両者は常に得するだろうか。一万円札と五千円札の交換は、両者に利益をもたらさない。両者が得するためには、交換するものの価値が互いに異なる必要がある。たとえば、私が鞄を希望していて相手が靴を希望していれば、交換は両者に利益をもたらす。ヤドカリの場合には、大きな殻は大型個体にとって価値が高いが、小型個体にとっては価値が低い。小さな殻はその逆である。この「交換」と「同一物の価値が個体によって異なる」の二点が満足されるなら、負けても得する場合がある。たとえば狭い穴に住む大型のシャコが、広すぎる穴にいる小型のシャコを追い出して巣穴の交換をすると、どちらも利益を得ることになる。

# 家の新築

ヤドカリは殻をめぐって争う。しかし彼らが殻の交換ばかりしていたのでは、殻はいつかは古くなって使いものにならなくなる。そこでヤドカリといえども、家の新築をしなければならない。それは、落ちている空っぽの殻を見つけたり、貝の身を抜いてその殻を手に入れるものである。ところが彼らの住む海岸には、意外と空の貝殻は落ちていない。これに対し、死んだ貝や弱った貝から殻を入手するのは、ときに見られる。

ある観察では、貝を見つけたヤドカリは、はじめはその身を食べていたが、そのうち身を捨てるようになった。これは当然で、これから入ろうとする家の中身を全部食べられるはずがない。捨てた身の匂いに惹かれてだろう、多数の個体が集まって来た。集まるだけではない。しばしば貝を横取りし、身を食べたり捨てたりした。作業中のヤドカリは他の個体が近くにいるのを嫌い、しばしば殻を持って静かなところへ行こうとする。こうして貝はいく匹かのヤドカリによって次第に空にされていった。

おおむね空になったころ、作業中のヤドカリはその殻に移ったが、まだ多少身が残っていたのだろう、元の自分の殻に戻った。すると別の個体がそれを横取りして運び始めた。その最中、偶然そこを通りかかった一匹のヤドカリが、素早くこの殻に入り込んで起き上がり、逃げて行ってしまった。そしてそこには、略奪者が放棄した殻が一つ残った。この殻に別の個体が引っ越した。そして、さらに残された殻に別の個体が……というように連鎖的な引っ越しが起きた。結局、最後には最もみすぼらしい殻が一つ残った。

このヤドカリの家の新築には、面白い点が二つある。まず、身を抜くのに尽力した個体が報われない点である。この宿の新築には合計四個体が尽力したが、結局は偶然の通行人に殻を奪われてしまった。しかし尽力者も、殻交換によって、いつの日かその殻に住める日がやって来るかもしれない。

もう一つの面白い点は、連鎖的引っ越しである。ヤドカリはふつう不都合な殻に引っ越すことはないので、連鎖的引っ越しに関与したすべての個体が利益を得ているはずである。一件の家の新築は、その周辺の複数個体の住宅事情を改善する。

## ゆるやかな世界

最近はテレビでいろいろな動物を紹介してくれる。そこではしばしば、厳しい自然のなかで必死に生きようとする動物の姿が映し出される。それに比べると、ヤドカリの世界は何となくゆるやかである。偶然の個体が利益を得たり、尽力者が報われなかったり、敗けた者がいい目を見たりしている。そんなヤドカリの世界は、おおらかで親しみのある世界に、私の目には映る。

# 動物たちの雄と雌——雄雌の戦略の違いを探る

春は小鳥のさえずり、夏はセミの声、そして秋は虫の音と、日本の自然は季節感があっていい。こうした私たちに届く快い響きも、それらはすべて雄たちが奏でるものである。声だけではない。クジャクやキジ、グッピーに見られるあの美しい姿も、雄特有のものである。これに対して雌は、地味であり控えめである。なぜ雄たちばかり、にぎやかで華やかなのだろう。

昔は、雄とはそういうものだと思われていた。最近では、これは雌を獲得するための手段だと説明される。しかし、なぜ雄ばかり積極的なのか。雌が積極的であってもよさそうである。ここでは人間を含み、動物たちの性の世界を見てみることにしよう。

立派な角をもつカブトムシの雄

## 自己主張する雄たち

ある大学の講義のはじめに、小さな画用紙を配ってカブトムシを描いてもらった。意図は、カブトムシといえば角のはえた雄を描くだろうと予想したからである。案の定、その通りになった。男女ほぼ半々の九八人クラスのうち、九六人までが雄を描いた。残りの一人は、角のないコガネムシのような雌を描いた。もう一人の男子学生は、卵を描いた。これはいい発想だと思った。卵であれ幼虫であれ、カブトムシという種に変わりはない。雄を描いたある女子学生の紙には、「雌を描きたかったが、よく分からない」とコメントが付いていた。女性だから、雌を意識したようである。

カブトムシといえば雄を思い浮かべるのが自然だろう。クジャクといえば、尾羽を開いたあの派手な色彩の雄を想像するだろう。これは雄の方が、その種としての特徴を備えているからである。京都の鴨川でよく見かけるカモの仲間も、雄が特徴的である。マガモは頭がグリーンで白い首輪がある。ヒドリガモは額に白い紋が、オナガガモは首から両耳にかけて白いクレセントがある。雌はどれも同じような茶色で、その姿から種を判別するのは難しい。一方、皇居前の道路を親子で横切るカルガモは、性差が分かりにくい。このように性差のはっきりしない種もあるが、性差が大きいときには必ず雄が派手である。

日本の国蝶オオムラサキをあしらった七五円切手は、翅の内側が青く美しい雄を描いている。特徴的な形、派手な色彩、美しい声、いずれも雄たちの特権である。だから生きものの世界は、雄で成り立っているような印象さえ受ける。これに対して雌は地味で控えめである。

なぜ、こんなことになっているのだろう。また控えめな雌は、本当におとなしいのだろうか。

## 動物は増えようとする

動物は増殖するようにできている。それは、彼らの生む子の数を見ると分かる。アカガエルは二〇〇〇個ほどの卵を産み、マンボウは三億の卵を産む。これに対し、ゾウやサルは一回の出産に一頭の子しか生まない。しかし少産の動物といえども、生涯を通して見ると、それなりの数の子を残している。ダーウィンの計算によると、わずか一ペアのゾウも、それらが生涯に作る子すべてが生き延

求愛給餌するカワセミの雄（左）

びて繁殖するというサイクルを繰り返すと、七五〇年後には一九〇〇万頭になるという。生きものは増殖するようにできているのである。

増殖する生きものができるプロセスは、こうである。ここに、「増えよう」という習性をもった個体と「子の数を控えよう」といった習性の個体がいるとする。前者は、その習性がゆえに多数の子を作る。これに対して後者の子は少ない。だから次の世代では、「増えよう」という個体の数が「控えめ」の個体の数を上回る。こうして世代を重ねると、いつの間にか「控えめ」の個体はこの世から消えていく。ただしそうなるためには、「増えよう」という習性が遺伝し、作り出された子が繁殖できなければならない。さもないと、この習性は後世に伝わらないし、また広まらない。そこで、動物は生き残って繁殖できる子の数を増やすように作られている、ということができる。

## 雄は数、雌は質

動物のもつこの増殖的傾向は、雄であれ雌であれ同じである。しかしここで面白いのは、雄と雌でそのやり方が違う点である。ある雄が多くの子を作ろうとするなら、多数の雌と交配して、それぞれの雌に子を生んでもらえばいい。そうすれば、その雄は多くの子の父親になれる。ギネスブックによると、これまでに最多の子をもうけた男性は、モロッコの皇帝モーレイ・イスメイルで、実に八八八人の子の父親であった。女性での最多記録は六九人で、これは二七回の妊娠にもとづく。だからこの女性は、ほぼ毎年双子や三つ子を生んでいたのだろう。この女性の記録もさることながら、男性の記録には目を見張るものがある。人間を含み動物の雄は、やり方によっては多くの子を作ることができるのである。

では、雌はどうだろう。雌が多くの雄と交配したところで、子の数は増えない。雌はどんなに頑張っても、自分が生む以上の子は望めない。だから雌は、とりわけ配偶者の数を増やそうとはしない。むしろ、食物に高い関心を示して、少しでも多くの子が生めるよう卵巣を発達させるかもしれない。カワセミやアジサシといった鳥の雌が、求愛する雄から魚をプレゼントされるのは、よくテレビで見かける。これは「求愛給餌」とか「婚姻贈呈」と呼ばれる。雌はまた健全な子の生育に配慮して、栄養豊かな広い縄張りの雄を選ぶかもしれない。いずれにせよ雌は選べる立場にある。「雄による多数の雌の獲得」と「雌による配偶者選択」、これが動物の性に関わる基本的行動である。そのやり方は繁殖戦略と呼ばれる。

## 雄雌のバランス

雄による多数の雌の獲得。これは複雑な結果をもたらす。ある雄が複数の雌を獲得すると、必然的にあぶれ雄が生じる。これは、雌をめぐる雄同士の争いを引き起こす。どの雄も雌を得ようと、世の中は殺伐としてくる。これは好ましくない状況である。

それなら雌の数を増やして、どの雄も複数の雌を得られるようにすれば、世の中は平穏に収まるかもしれない。よさそうな考えである。ところが、そうはうまくいかない。一九三〇年に英国の統計学者ロナルド・フィッシャーは性比の理論を発表した。分かりやすくいえばこうである。今ここに雄二匹・雌五匹の世界があって、各雌は一〇匹の子を生めるとしよう。この世界で生産される子の数は一〇×五＝五〇匹である。これをそれぞれの雄に平均して分けると、一匹の雄は五〇÷二＝二五匹の父親になれる。この数は一匹の雌の産子数一〇より多い。だからこの世界では、雄の子を生む母親は、雌の子を生む母親より多くの孫を得ることになる。つまり雌の多い世界では、雄の子を生もうという習性の方が、雌の子を生もうという習性より広まりやすい。こうして性比は雄の方へ偏っていく。逆に、雄五匹・雌二匹と雄の多い世界では、二〇匹の子が作られて、雄一匹当たりの子の数は二〇÷五＝四匹となる。これは雌の産子数一〇より少ない。だから雄の多い世界では、雌を生もうという習性の方が広まりやすい。

まとめれば、数の少ない性の方が常に増殖率が高くなる。こうして性比は一対一に近づく。一対一の性比は、鳥や魚、昆虫、クジラなど多くの動物で確認されており、私たち人間も例外ではない。出生時の女児一〇〇に対する男児数は、わが国では一〇五・五、アメリカの白人では一〇五・七、フランスでは一〇四・九と、ほぼ一対一である。さて性比が一対一になると、先に述べたように、必然的に雄間の争いは避けられない。これこそが、雄特有の色や形、鳴き声を作り出した原因と考えられている。

色にしろ形にしろ、性差の程度は種によってかなり違う。こうした違いは、なぜ生じるのだろう。ある町に若い男女が半数ずついたとしよう。この状況では、ペアは穏やかに形成されるだろう。しかし、もしその町の女の半数が赤ちゃんで、四分の一が老婆、そして若い娘は四分の一しかいないとすると、青年たちは少数の娘をめぐって競争することになる。この例は、単に性比を考えるだけではダメで、「繁殖に関与できる雌雄の比」が大切なことを示している。コーネル大学のスティーヴン・エムレンは、これを「実効性比」と呼んだ。実効性比が雄に偏れば偏るほど、雄間の競争は強まり、角や体のサイズ、色彩や音声などの性差が強調されるだろう。たとえば、満月の晩にすべての雌がいっせいに発情するなら、どの雄も容易に雌を入手でき、この場合にはそれほどの性差は生じないだろう。しかし、もし雌が数日に一匹の割合でポツポツと発情するなら、少数の雄が連続的に雌を独占する機会が生じる。この場合には、強大な雄が生まれそうである。

## 雄と雌では「投資量」が違う

ところで、雄と雌の本質的な違いは何だろう。カブトムシやクジャクのように一見して雌雄が識別できる種もいるが、魚や昆虫のなかには、外見的には性差の認められない種もけっこういる。それでも、雄は雄であり雌は雌である。雌雄の本質的な違いは、作り出す配偶子の違いである。雄は遺伝子しか含まない小さな精子を作るが、雌は栄養豊かな大きな卵を作る。小さなものはわずかの材料と時間でできるが、大きなものの生産には多大な材料と時間が要る。このように、あることに時間や材料、エネルギーを使うことを投資といっている。

一般に、子への投資は雄では小さく、雌では大きい。雌が胎児を育てて新生児に授乳する哺乳類では、雌の投資量はさらに増加する。こうした投資量の差が、実行性比を雄に偏らせる。投資量の少ない雄は次々と交尾でき、投資量の多い雌はひとたび産卵・妊娠するとすぐには次の繁殖が始められない。

雄が角をもつシカの群れ

投資量の少ない雄は、雌獲得のために様々な工夫をする。一つのやり方は、他の雄の排除である。そのためには、体の大型化や角のような武器の所有は有効だろう。ハレムの主を競うシカの雄は立派な角をもち、ゾウアザラシの雄は二トンと、五〇〇キログラムの雌の四倍もの体重をもつ。雄のもう一つのやり方は、美しい声や派手な姿で直接雌に訴えるものである。グッピーでは、尾鰭を短く切られた雄は雌から好まれないという実験がある。雌は美しい雄を好むのである。

カエルはさかんに鳴いて雌を呼び寄せるが、アマガエルのなかには、まじめに鳴かずに、鳴く個体の傍で雌を横取りする個体がいる。そこでは、横取り個体とまじめに鳴く個体の数の間に微妙なバランスがある。誰も鳴かないときに一人鳴けば、多くの雌を入手できるだろうし、みんなが鳴くときには横取り作戦の方がいいだろう。鳴くのは疲れるし、ときにコウモリに襲われる。米国バトラー大学のスティーヴン・ペリルたちは、鳴く個体を取り去ると、黙っていた個体が鳴き出し、スピーカーから鳴き声を流すと、それまで鳴いていた個体が静かになることを示した。結局のところ、どちらの戦略もほぼ同数の雌を獲得する。

## 雌の好みが雄を作る

次に雌の立場から見てみよう。派手な雄を選ぶ雌にはどのようなメリットがあるだろう。動物の本質は多くの子を残すことである。雌の好みは、高い繁殖成功に結びつくのだろうか。

ツバメでは、尾羽の長さの左右のバランスのとれた対称的な雄が選ばれることを示す実験がある。対称的な雄は正確な飛翔が可能で、飛翔昆虫などの獲得に優れているだろう。このような形質が遺伝するなら、対称的な雄を好む雌は生存率の高い息子を得ることになる。

実際、雌が強い遺伝子を選択しているという証拠がある。エディンバラ大学の女性研究者リンダ・パートリッジは、ショウジョウバエの雌が自由に配偶相手を選べる状況と選べない状況を作って、彼女らの生んだ子の生存率を比べてみた。その結果、雌が自由に選べる状況では子の生存率が高かった。雌が何を基準にして相手を選んでいるかは分からないが、何らかの手法で遺伝的に優れた雄を選択していることは確かである。

このように雌は選択によって利益を得ている可能性があるが、しばしば雌によって好まれる雄の派手な色彩については、それが雌の高い繁殖成功と結びつくか否か、現在も検討中である。

生存能力とは関係なく、単なる雌の好みが雄の鳴き方を作り出す可能性が指摘されている。テキサス大学のマイケル・ライアンは、カエルでこんな実験をした。ユビナガガエルの仲間のA種の雄は「ウィーン」と鳴いているが、B種の雄は「ウィーン」の後に「カッ」という音をつけ加えて、「ウィーン、カッ」と鳴く。これらの声を録音して雌に聞かせると、どちらの種の雌も「ウィーン、カッ」の方が好きなのである。しかしAの雌としては、雄が「ウィーン」としか鳴いてくれないので、とりあえずこれで我慢している。

しかし、もしA種の雄のなかに「ウィーン、カッ」と鳴く雄が生じたら、どうなるだろう。その雄は間違いなく雌にもてる。そして、その雌から生まれた息子たちは、父親の鳴き声を引き継いで、雌の好きな「ウィーン、カッ」と鳴くだろう。そしてこの鳴き方は瞬く間にA種のなかに広がるに違いない。これに成功したのがB種の雄だろう。ここで重要なのは、雌の好みが、雄の鳴き方に先行している点である。雄の鳴き方が雌の好みによって作られることを示唆する例である。

雄特有の性質のなかには、よく分からないものが多い。なぜマツムシはチンチロリンと鳴いて、スズムシはリーンと鳴くのだろう。ことによるとこれらの鳴き方は、控えめなはずの雌たちの、単なる気まぐれの結果なのかもしれない。

## 人間の女性はなぜ美しい

「動物の雄は派手だ」という話をすると、必ず「人間では、なぜ女性が着飾るのか」と質問される。人間はいくつかの点で多くの動物と異なる。一つは、一夫一妻制である。この場合には、雌雄どちらも相手を選ぶだろう。しかしこれだけでは、女性のみが美しくなろうとする傾向を説明できない。以下は、ミシガン大学の心理学者デヴィッド・バスの考えである。

ふつう動物は繁殖齢を過ぎると死ぬ。産卵後に川のなかで死ぬサケを思い浮かべてほしい。一方、人間は繁殖齢を過ぎても結構長生きする。ところが繁殖可能な年齢には性差がある。一般に男性は八〇歳近くまで子を作れるが、女性はおおむね五〇歳を過ぎると子作りが難しくなる。動物の基本は多くの子を残すことである。もし人間が動物的なものを引きずっているなら、男性は相手の年齢に敏感なはずである。

正倉院の美人画（鳥毛立女屏風より描く）

しかしふつう相手の年齢は分からない。ところが年齢はしばしば容姿に現れる。歳をとると髪は白くなり抜け落ちる。皮膚には皺やシミが現れる。また唇は薄くなり、顔の形も歪んでくる。これに対して、年齢の若い子やとりわけ赤ちゃんは、目は澄み、頬には弾力があって非常に美しい。もし男性が若い相手を求めようとするなら、相手の容姿に注目するはずである。

文化人類学者によると、人間の美貌の基準は文化によって異なるという。たとえば、物の乏しい貧文化では「ぽっちゃり型」が、豊かな富文化では「ほっそり型」が美しいとされる。確かに正倉院の屏風の美人画は、ふっくらとした女性を描いている。貧文化における豊かな体は、健康な子の出産の暗示なのかもしれない。一方、富文化のほっそり型は何なのだろう。美しさの基準として、しばしば「バスト」や「ウェスト」が測られ、くびれた腰は美しいとされる。一説には、細い腰は子を宿していない証であり、男性のこれへの好みは、他人の子を育てる危険の回避作用だという。

いずれにせよ、どのような文化でも「たるんだ皮膚」や「黄ばんだ瞳」は好まれないという。こうした背景が、とりわけ女性が美しくなろうとする要因のようである。私たちの世界では「女性に年齢を聞いてはいけない」というが、こう見てくると、何だか分かるような気がする。

# 動物たちの超能力——自然からの語りかけに耳を傾けたい

ひと昔前の人たちは自然と一体となって暮らしてきた。彼らは日のぬくもりや夜の冷気を感じ、木の葉のざわめきを聞きながら暮らしてきた。そんな彼らは、自然からの語りかけに耳を傾け、様々なものを感じ取って、うまく暮らしていただろう。動物のなかには、ときに私たちの能力を超えた不思議な能力をもつといわれるものがいる。積雪を予測するカマキリ、地震を予知するナマズ……。彼らは本当に未来を予知するのだろうか。もしそうなら、私たちは彼らの能力をおおいに利用することができるだろう。ここでは、こうした話に触れてみたいと思う。

家のなかで巣づくりするトックリバチ（池田久和氏撮影）

## ハチは台風を予測するか

和歌山県の白浜に住む友人が、部屋のなかで巣作りするトックリバチを見せてくれた。そのハチは開け放された縁側から侵入して、机のような台の脚に泥で徳利の口のような巣を作っていた。上の写真はそのとき撮ったものである。「ハチがこんなところに巣を作る年は大嵐になるぞ」と、友人は笑った。トックリバチはいつもは軒下などに巣作りするそうである。一九九〇年八月一七日のことだった。

はたして、その年の九月一九日に台風一九号が、三〇日には二〇号が白浜に上陸し、一〇月八日には二一号が隣の田辺市に上陸した。さすがに、この一致には驚いた。ハチは台風の襲来を予測していたのだろうか。もしそうなら、彼らは少なくとも一ヶ月も先の状況を把握していたことになる。そうだとすると、彼らはどのような手段によって、これを把握したのだろう。

大学の講義でこの話をしたところ、終了後に一人の女子学生が教壇へやって来て、「私は徳之島出身ですが、私の家にも台風の前にはハチがよく来ました」と教えてくれた。さらに彼女は、「天気予報では台風が来るというのにハチが来ないので変だなあと思っていると、そういうときは台風が逸れるんです」と付け加えた。いかにもハチは台風の詳細な進路まで知っているかのようである。だがこの徳之島のハチの場合には、その出現と台風の襲来との時間的関係があまりはっきりしないので、彼らが本当に台風の進路まで予測していたか否かを検討することはできない。いずれにせよ、ハチが台風の襲来を予測するというのは、いかにもありそうなことである。

## カマキリの積雪予測は当たるか

動物の予知能力についての話は、他にもある。その一つがカマキリの積雪の予測である。「カマキリの卵が高いところにあれば大雪」といった言い伝えは、雪の多い地方では広く知られ、たとえば大後美保《だいごよしやす》編『天気予知ことわざ辞典』（東京堂出版）に載っている。カマキリは産みつけた卵が雪に埋もれてしまわないように、大雪が予想される年には高所に産卵するらしい。

新潟県在住の民間の研究者が、この問題に取り組んだ。県内の三つの地域から六年かけて多数の卵を見つけ出し、その位置の高さとその地域の平均的な最深積雪を比べてみた。その結果、両者には明

カマキリは積雪を予測するか

瞭な関係があったという。

しかしこの調査では、雪の重みによる枝の下がりを推定したり、林相や地形による積雪深度への影響を補正するなど、複雑な操作が行われている。こうした操作のため、残念ながらこの研究には疑問がもたれている。もっと単純に、卵の位置の高さとそのポイントでの積雪深度を測定していたら、説得力のある研究になっていただろう。

その後、弘前大学の先生がカマキリについて厳密な調査を行い、カマキリは積雪など予測していないことを報告した。新潟の研究では比較的高い所にあるスギの木に付いた卵だけを調べていたが、弘前の研究ではヨモギやナワシロイチゴなど背丈の低い植物も含み、すべての卵を対象とした。見つかった二三八個の卵のうち、実に九六%にあたる二二九個が雪に埋没する高さにあった。また雪に埋没した卵と、埋没しない高さにあった卵の孵化率を比べたところ、どちらも九五%以上と、まったく差がなかった。結局のところ、カマキリは雪に埋もれるのを避けるため高所に産卵する必要もないし、またそのようにも行動していない。

弘前大学の先生は、新潟の研究者の結果を否定するつもりなど、まったくなかっただろう。他人の研究の否定に情熱を燃やす人などまずいない。むしろ逆で、よくいわれるカマキリの不思議な能力がもし本当なら、動物たちの超能力の解明につながるだろうと期待して研究に着手したに違いない。しかし残念ながら、カマキリの超能力は確認できなかった。

## 地震を起こして叱られたナマズ

ハチの台風予測については研究がなく、その真偽は不明であり、カマキリの積雪予測は支持されなかった。では、もう一つ。ナマズの地震予知はどうだろう。

日本で地震というとすぐナマズを思い浮かべるが、国外ではほとんどナマズは出てこない。日本におけるナマズと地震の結びつきを示す最初の記録は、豊臣秀吉の手紙といわれている。秀吉は一五八六年の天正地震を琵琶湖西岸の坂本城で経験し、急いで大坂城に逃げ帰ったという。東岸の長浜城では山内一豊《やまのうちかずとよ》の娘が圧死している。琵琶湖にはビワコオオナマズが生息しているので、それと地震が結びつけられたのかもしれない。その七年後の一五九三年に九州にいた秀吉は、伏見城の普請には「なまつ（鯰）大事にて候まま」と、ナマズに注意するよう書簡を京都所司代の前田玄以《げんい》に送っている。

江戸時代にはナマズと地震の結びつきは広く知られていたようで、一八五五年の安政の江戸地震では、次のような話が武者金吉著『日本地震史料』（毎日新聞社）に載っている。

本所に住む漁の好きな人が、一〇月二日（西暦一一月一一日）の夜にウナギを手に入れようと川筋をあさったが、しきりにナマズが騒いでいてウナギは一匹も捕れなかった。仕方なくナマズ三匹を捕って考えたところ、ナマズの騒ぐときには必ず地震があるというのに思いあたり、漁を止めて帰宅し、庭に莚を敷いて家財道具を出して異変に備えた。それを見た妻は不審に思って密かに笑ったが、その晩地震が起きた。住居はことごとく潰れたが、諸器物はまったく損なうことはなかった。

この江戸地震では七千人から一万人が死亡し、潰れた家屋は一万四三四六戸と記録されている。倒壊した地域には遊郭も含まれており、これに怒った「遊女」たちが「火消し」と協力してナマズを懲らしめる「しんよし原大なまづゆらひ」といった錦絵が残されている。

では、ナマズは地震を予知するだろうか。青森県の浅虫にある東北大学の臨海実験所にいた畑井新喜司《はたいしんきし》教授は、一九三一年一〇月から翌年の五月にかけてナマズの研究をした。ナマズを入れた水槽を木製の台の上に置き、朝、昼、夕方の一日三回、台を指先でノックしたところ、ナマズは反応したり無反応だったりした。こうした反応を五段階に分けて記録したところ、ナマズが敏感に反応したときには数時間以内に地震が八割の確率で起こった。一方反応がなかったり鈍感だったりしたときには、地震は起こらなかった。この八割という値は非常に高いもので、これならナマズは地震予知の有力な候補者になれる。

地震を起こして懲らしめられるナマズ（江戸時代の錦絵より）

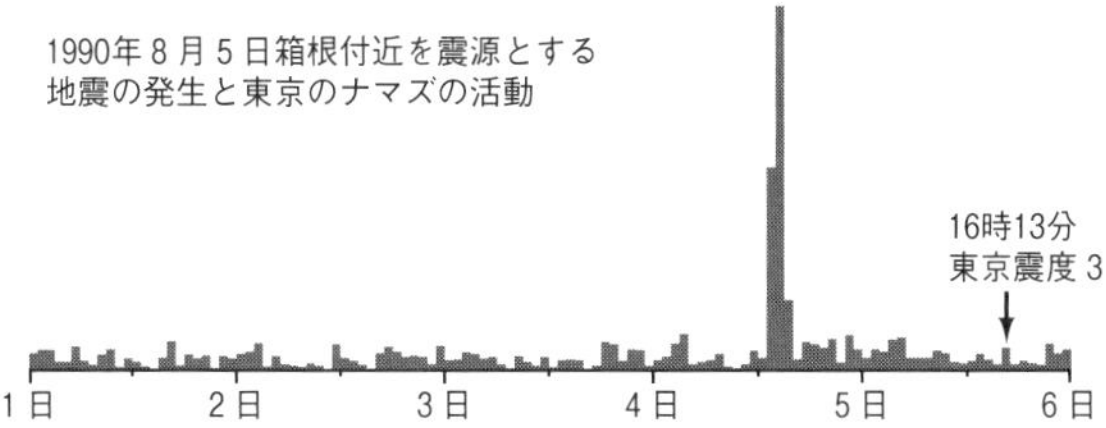


ナマズの行動と地震のタイミング（江川1991より改変）

東京都水産試験場はナマズによる地震予知を確認するため一九七六年より研究を開始した。ナマズの行動は振動センサーによって継時的に記録され、その反応は通常の動きと区別できるよう厳密な基準で判定された。また畑井教授の開発した台をノックするテストも、これと並行して行われた。こうして一九七八年から一九九〇年までの一三年間の記録を分析したところ、震度三以上の地震八七回に対して、地震の一〇日前以内にナマズの異常行動が見られたケースが二七回あった。正答率は三割一分である。

この結果から、ナマズを信頼していいだろうか。この正答率は三回の地震のうち二回はナマズが黙っていたことを示している。またこれとは逆に、ナマズが地震を告げたにもかかわらず、実際に地震が起きなかったケースも検討しなければならない。こうした点を総合的に判断して、東京都はナマズの実験を一九九二年に終了した。

ただ感じることは、「ナマズには地震に先立つ何かを感ずる能力があるか」という問題と「ナマズは地震予知に役立つか」という問題の間のギャップである。ナマズが三割の確率で地震を当てるというのは、非常に高い確率である。もし彼らがでたらめに活動していたら、とてもこのような高い確率にはならない。だから彼らは、何らかの要因を感知して地震をある程度は予知しているのだろう。

一方、私たちとしては当たる確率が三割では困る。三回の地震のうち、たった一回しか彼らは告げてくれない。二回は何もなしに突然地震が起こるのである。これではナマズを飼っていても、「役立たない」といわれても仕方がない。

ところで、かりに低い確率といえども彼らは地震を予知できるのである。彼らはどのようにして、それを知るのだろう。これについては、地震に先立つ地電流の変化が推定されており、実際ナマズが微弱な電気に反応することが証明されている。しかしながら、東京のような人口密集地では電車などからかなりの電気が漏れ出ている。こうしたノイズのなかから、ナマズは地震に特有な変化のみを抽出しなければならない。ある地球物理学者は、「この点が解明されないと、ナマズ君を全面的に信頼する気にはならない」そうである。

ともかくナマズは生きものである。眠いときもあれば、雌に思いを馳せることもあろう。また場所によっては電気的ノイズの多いこともあろう。こうした状況下で「いつもきちんと地震の見張りをしなさい」というのには、少し無理があるようである。

ちなみに私の勝手な空想だが、もしかりにわが国の各都道府県で、東京都がやったようなナマズの飼育が行われていたら、東日本大震災の前後には、彼らの異常行動はどのような時間的・地理的分布を示しただろう。

## 自然の長期的な変化を捉える

ナマズ以外にも地震の前に異常な行動をする動物はたくさんいる。ドアを引っ掻くイヌ、暴れるウマ、真冬に穴から這い出すヘビ、浅瀬にやってくる深海魚のリュウグウノツカイ、密集して窒息するボラ。こうした例は、ヘルムート・トリブッチ著『動物は地震を予知する』（朝日新聞社）や、力武常次《りきたけつねじ》著『動物は地震を予知するか』（講談社）といった本に非常にたくさん出ている。こうした数多くの例がすべて偶然であるとは思えない。動物はある程度は地震を予知する能力があるのだろう。

先に紹介したトックリバチは、もし彼らが台風を予測するとするなら、何を手掛かりにしているのだろう。「今日は昨日より風が強いから、来月は台風だ」などと、短期的な情報にもとづくことはないだろう。彼らは夜も昼も毎日外にいるのである。風の吹く日が続いた後には雨の日があり……と、長期的な気象の変化を経験している。そうした気象の長期的変動が、彼らに何かを感じさせるのかもしれない。

ところで、私はかつて未来予知のような、こんな経験をしたことがある。大学院生の時代に、友人のS君と喫茶店でかなりの長話をしていた。喫茶店はふつう音楽を流しているが、話の途中で突然S君が「今、この曲が流れるような気がした」とまじめな顔でいった。それは彼が好きなビートルズの曲だったように思う。彼は嘘をつくような人間ではない。本当にその曲が流れるのを感じたのだろう。私は内心「不思議なことをいう奴だなあ」と思った程度であるが、いかにも彼は未来予知能力をもつかのようである。

だが今思ってみると、恐らくこういうことだろう。喫茶店の音楽には一連の曲が自動的に繰り返される方式のものが使用されていたのだろう。彼は意識の上では話に熱中していたが、彼の無意識の世界は曲に耳を傾けていて、長話をしていたことから同じ曲を何度も聞いていたに違いない。そしてあるとき、無意識の世界が突然「次は君の好きなｘｘだよ」と、意識の世界に語りかけたのだろう。

私たちは日常いろいろなものを見、聞き、感じ取っているが、そのほとんどが必ずしも意識されているとは限らない。あるとき私は実験室でお湯を沸かしていたが、ふとこんなことを考えた。今、ガスに火を点けたが、ガス栓のつまみは銅製だっただろうか、真鍮製だっただろうか、鉄製だっただろうか。また、つまみには穴が開いていただろうか、穴はなかっただろうか。結局のところ何も分からなかった。ガス栓に目をやらずに点火することはできない。必ず見ているはずである。それにもかかわらず何も覚えていない。

私たちは特に意識しなくても、多くのものを見、聞き、無意識に感じ取り、その一部を記憶しているだろう。それが偶然意識の世界に語りかけるとき、それを私たちは「虫の知らせ」とか「第六感」といっているのかもしれない。私たちの世界には、「無意識の世界から意識世界への語りかけ」も、結構あるのではないかと思う。

動物たちに意識や無意識の世界があるかどうかは分からないが、彼らは長い時間のなかで様々なものを感じ取ってうまく行動しているだろう。トックリバチの台風予測には、生ぬるい潮風が何日も続くと何となく不安になり、暗く奥まったところに行きたくなる、といった感覚が働いているのかもしれない。

## 自然からの語りかけに耳を貸す

ハチにとって、どこに巣をかけるかは重要である。不用意に風通しのいいところに巣をかけようものなら、台風でいっぺんに吹き飛び、子孫全滅となる。テントウムシは、樹木や岩の北側で越冬する。北側は気温の日較差が小さく、冬の一時的な暖かい日でも目覚めることはない。四六時中自然のなかにいる動物たちは、自然からの微妙な変化を感じ取り、適切に行動している。

一方私たち人間も、ある程度は自然の変化を感じ取っている。曇天の日には何となく憂鬱になり、秋晴れの日にはすがすがしい気分になる。だが、ひと昔前の人たちは自然をもっとよく知っていただろう。彼らは日のぬくもりや夜の冷気を感じ、月や星を見、せせらぎや木の葉のざわめきを聞きながら暮らしてきた。子どものころ、友人の母が「今朝は汽笛がよく聞こえるから、今日は晴れだよ」といったのを思い出す。

しかし最近の私たちは自然からますます離れてしまっている。明るい照明、心地よい空調、楽しいテレビ、そして快適な車のおかげである。素晴らしい科学技術を手にした私たちの感覚は鈍ってしまい、自然からの微妙な語りかけは、もはや聞こえなくなっているようである。だが感覚は運動と同様、絶えざる使用によって研ぎ澄まされるに違いない。もし私たちが自然と一体となる生活を志向するなら、私たちにも微妙な自然のささやきが聞き取れるようになるかもしれない。

# 創造と発見——新しいものへの挑戦

私たちの世界では、しばしば問題の解決を迫られる。動物たちも同様に、ときに問題を解かねばならないことが起こるだろう。そうしたとき、彼らはどうするだろう。新しい問題には、新しい対策が必要に違いない。新しい発想はどのようにして生じるのか。問題の答えを見つけ出すとき、私たちの心のなかではどのようなことが起こるのか。また、効率よい発見というのはないだろうか。ここではこうしたことについて考えてみよう。

## 子どものころ思った科学と芸術

子どものころ、といっても高校生くらいのころだが、私は科学も芸術も同じだと思っていた。一般には、科学は論理的・分析的なのに対し、芸術は感覚的・総合的と思われ、まったく違ったものと受け取られている。しかし私は何だか同じような気がしていた。

当時私は東京の国立に住んでいたが、そこは国木田独歩のいう「武蔵野」に属し、雑木林があちこちにあって自然豊かだった。また芸術家もよく住んでいた。私の家の二軒隣りには作曲家が、その向かいには画家が、そして二〇〇メートルほど離れたところには彫刻家も住んでいた。私は彼らの家によく遊びに行き、親しくさせていただいた。また、ときに彼らからバイトの依頼もあった。テレビ番組やコマーシャルの曲を作っていた作曲家からは写譜のバイトがあった。作曲家は曲を作る際に、すべての楽器が縦に並んだ総譜というのを作るが、これをバイオリンやピアノなど各パートに分けて独立した楽譜へと写すのが、写譜の仕事である。

作曲というのはどうも難しいようで、仕事はいつも夜中にずれ込んだ。あるときは明け方まで待っても曲ができず、ついにはスタジオに向かう電車のなかで席を譲ってもらって仕事をしたこともある。彫刻家からのバイトは、太い丸太を電気のこぎりで切ることや、おおむねできあがった作品に紙やすりをかけることだった。ところがどういうわけか、画家からのバイトはなかった。

分野の違う彼らは互いによく交流し、また画家には画家の、彫刻家には彫刻家の友人がいて、それらが混然一体となって酒を飲んだり話をしたり楽しく過ごしていた。私は部屋の隅でそんな話をよく聞いた。

「貧乏絵描きというのはいるが、貧乏音楽家というのはあまり聞かないなあ」「それは楽器に金がかかるからだよ」とか、「ｘｘの作品は、社会的要請で生まれたもので、自分のなかから出たものではない」といった批判めいた話もあった。

こうした彼らの話から、彼らは常に新しいものを求めているのが伝わってきた。芸術家である彼らにとって、それは当然のことかもしれない。今さらベートーベンと同じような曲を作っても、ピカソと似たような絵を描いても、面白くもないだろうし、社会にも受け入れられないだろう。芸術の世界では創造は不可欠だと感じていた。

一方、私は以前から虫や自然が好きで、科学に関心をもっていた。科学の世界でもやはり創造や発見が大切なことは知っていた。新しいものを見つけたり、これまで分からなかったことを明らかにしたりするのは、科学の役割である。結局のところ、科学も芸術も新しいものを目指すという点では一致している。

## 理屈を超えた発見

では、どうしたら新しいものはできるのだろう。科学の世界は論理的であり、したがって筋道立ててきちんと考えれば、自ずと新たなものが生み出されると考えるかもしれない。ところが、どうもそうではなさそうである。

物理学や天文学の分野で大きな業績を残したフランスの数学者アンリ・ポアンカレは、発見のプロセスを著書『科学と方法』（吉田洋一訳、岩波書店）のなかに詳しく記している。

彼はいくつかの発見をしてきたが、それらは必ずしも彼が机に向かって直接問題に挑戦しているときではなかった。ある問題では、旅行中に乗合馬車のステップに足をかけた瞬間に新たな考えが閃いた。そのときは問題のことなどまったく考えていなかった。別の問題では、気をくさらせて崖の上を散歩していると、ある考えが「いつもと同じ簡潔さ、突然さ、直接な確実さをもって」浮かんできた。さらに別の問題では、彼が仕事を離れて兵役に服し、たまたま大通りを渡っている最中に解が閃いた。なぜそんな瞬間に「天啓」が下ったのだろう。

こうした経緯からポアンカレは、「発見」には三つのプロセスがあるという。一つは最初の意識的な問題への挑戦。そしてこれに続く無意識的な天啓。天啓はときに誤ることもあるので、最後に意識的な確認が続く。このなかで最も重要なのは、無意識的なプロセスであり、彼によると「無意識的自我は発見において主要な役割を演ずる」という。結局のところ発見とは、適切な組み合わせの選択である。その選択を目指して意識的な努力をするが、組む合わせは無数にあり、そのすべてを作ることはできない。ところが無意識的な世界ではこれがなされ、偶然生じた適切な組み合わせは、不適切ででたらめな組み合わせより美しく、したがって数学者の「審美的感受性」によって掬い取られる。そ

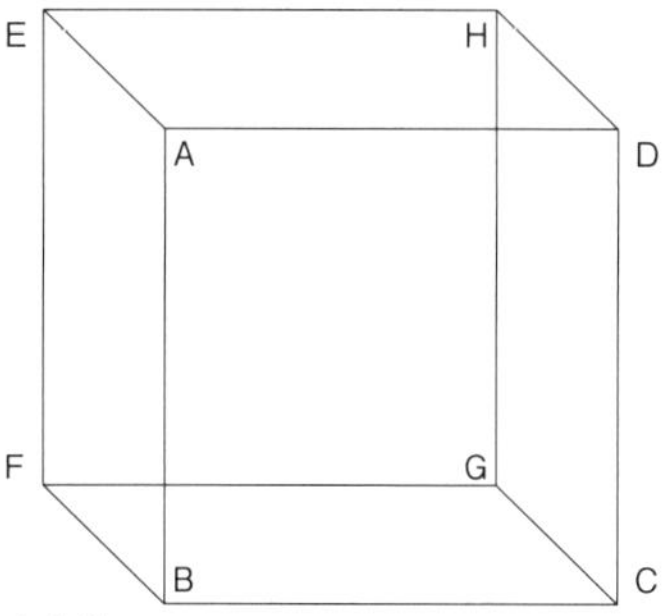

立方体

して天啓として意識的自我に告げられるという。この推論が正しいとすると、私たちは「発見」を無意識の世界に頼らざるを得ないことになる。

確かに発見は意識的な理屈を超えているかもしれない。こんな例はどうだろう。「立方体」の図を見ていただきたい。さて、どう見えるだろう。私には、ＡＢＣＤで囲まれた面が手前にあるように見える。つまり、立方体は右下を向いているように見える。だが、これをずっと見ていると、ある瞬間にはＥＦＧＨの面が手前にあるように見える。つまり左上を向いているように。なぜそう見えるのだろう。だが、そこにはもはや論理や理屈はなさそうである。ただ、そう見えるとしかいいようがない。結局のところ、ものの発見とは、こうした理屈を超えた一種の「飛躍」なのかもしれない。

## 生きものの世界の創造

生きものは単純な形でこの地球上に生まれ、長い年月を経て多様な種へと進化していった。そのさ

蓋を開けてカニを捉えるタコ

い、様々なものが創造された。水中から陸上への移行では「鰓」に代わって「肺」が作られ、空中を飛ぶ鳥たちには「羽」が与えられた。生きものの形や性質、それらを作り支える化学反応は、ほとんど遺伝子によって規定されている。ネコがネコの形をしていてネコの声で鳴くのは、このためである。こうした生きものの諸形質の変化には遺伝子の変化が必要である。遺伝子は親から子へ、子から孫へと伝えられるが、その複製のさいに、ときに誤りを犯す。これは突然変異と呼ばれ、新しい変化の原因となる。ところが突然変異のほとんどは有害であったり無意味であったりする。しかし、たまたま生存や繁殖にとってこれまでより優れた変異が生じると、それは自然選択によって拾い上げられ、子孫へと伝わって広まる。つまり進化する。突然変異には方向性はなく、まったくでためたらめに起こる。だから好ましい変異の起こる確率は極めて低い。結局のところ、生きものは無意味な膨大な試みをして、偶然うまくいったものを新たなる創造として保持するのである。

似たようなプロセスは動物の行動にも見られる。空腹のタコに、ビンに入れたカニを与える。ビンの蓋にはカニの匂いが漂うよう小さな穴を開けておく。空腹のタコは足先を蓋の穴から突っ込んだり、ビンをひねり回したり、振ったりする。しかし一向に餌は取れない。捩じると開く蓋の仕組みを知らないタコは、とにかく営々と無駄な作業をする。これを「試行錯誤」という。そうした作業を続けるうち、偶然蓋がずれることがある。そして長時間の挑戦のあいだには、蓋は次第にずれて、ついには外れる。タコはやっと好物のカニにありつける。幾度かこうした経験を積んだタコは、蓋を左に回すことを会得し、速やかに餌を手に入れるようになる。しかし初期の「蓋は回すと開く」という発見には、多大な無意味な試行が先行する。発見には多大な無駄が伴うのである。

こうして見てくると、生きものの世界の創造は多大な無駄と偶然的成功で成り立っている印象を受ける。しかしもう少しマシなやり方はないだろうか。

## 効率のいい洞察

壁と垣根の組み合わせで「回り道の実験」の図のような仕掛けを作り、Aの位置に餌を置く。Bに

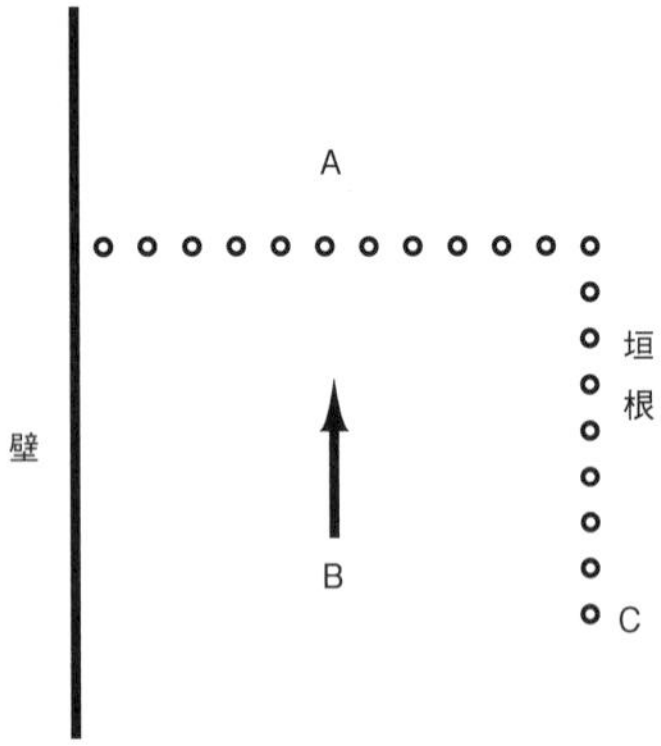


▲回り道の実験

◀跳び棒でバナナを捉えるチンパンジー

ニワトリを放すと、まっすぐ餌の方に進み、垣根の間から餌をついばもうとするが届かない。あちこちの垣根の隙間から首を突っ込んだり、その周辺をうろついたりするが、ニワトリの行動範囲は次第に広まり、たまたま垣根の端Cを超えると、垣根の外側を回って餌にたどり着く。

同様の実験をイヌですると、もう少しうまくやる。イヌは垣根の手前で一瞬ぽかんとするが、すぐ周囲を見回し、一八〇度向きを変えて垣根を迂回して餌まで行く。ニワトリの行動は偶然に期待する「試行錯誤」のやり方だが、イヌの行動は状況を見抜く「洞察」にもとづく。洞察は効率のいいやり方である。

動物の洞察については、ドイツの心理学者ヴォルフガング・ケーラーがチンパンジーで多くの実験を行い、その成果は著書『類人猿の知恵試験』（宮孝一訳、岩波書店）にまとめられている。

チンパンジーは檻の外のバナナを棒で引き寄せたり、高所に吊るしたバナナを棒で叩き落としたり、また箱を踏み台として捉えたりすることができる。さらに、棒を垂直に立ててそれに素早くよじ登り、棒が倒れる前に高所の餌を取って飛び降りる「跳び棒」といった器用なこともする。棒や箱は手足の延長であり、したがって彼らはそれらを道具として使う。

では、柵の遠くに置かれた餌を棒をつないで取ることができるだろうか。つまり、道具の作成ができるか調べる。中空の太い棒とそれに差し込むことのできる細い棒の二本を檻に入れておき、ズルタンと呼ばれる比較的賢い雄のチンパンジーがテストされた。最初ズルタンは二本の棒を交互に使ったりしていたが、そのうち奇妙なことをした。檻の隅にあった箱を持ってきたのである。箱は高所の餌には有効だが、柵越しの餌には役立たない。そう気づいたのか箱をすぐ後ろに押しやるが、また奇妙なことをした。餌に向かって一本の棒を突き出し、それを地面に置いて、第二の棒でそれを押しやった。慎重にこれをやったので、ついに先の棒が餌に到達した。しかし棒はつながれていないので餌を引き寄せることはできない。第二の棒を動かすと餌が押されたり動いたりした。目的物を操作できるのが気に入ったのか、彼はこれを生き生きとしてやった。

結局一時間ほどテストしたが二本の棒をつなぐのには成功しなかった。そこで餌などはそのままにして一休みとした。ズルタンは柵を離れて箱に座ったが、すぐ降りてきて二本の棒を取って再び箱に腰かけた。二本の棒を弄んでいるうち、両手で持った二本の棒が偶然目の前で一直線になった。するとズルタンは一方を他方に差し込んだ。そして箱から飛び降り、柵まで飛んで行って外の餌を引き寄せようとした。かくして彼は二本の棒を連結させるのに成功したのである。

ここで面白いのは、ズルタンが餌を取ろうと夢中になっているときでなく、棒を弄んでいるときに、それがつながるのを発見したことである。その過程は、ポアンカレのいう発見と似ている。箱を運んだり棒を縦に並べたりするのは「意識的な挑戦」であり、遊びの最中の発見は「無意識的な天啓」、その後連結した棒で餌を取り寄せるのは「最後の確認」といえよう。

## 遊びと好奇心

このチンパンジーの行動は、発見における遊びの重要性を示唆している。米国イェール大学のヤーキス霊長類生物学研究所のハーバート・バーチは、遊びの意義を実験的に調べた。

この研究所には、生まれてこのかた棒をまったく知らない五頭のチンパンジーがいた。「餌を取る実験」の図のように、格子越しのテーブルにバナナと、長い棒の先に小さい横木の付いたT字型の棒を置いて、彼らに餌が取れるかテストした。五頭のうちの一頭は、素手で餌を取ろうとしたが、手が偶然T字棒に当たってバナナが動き、結局その棒で餌を引き寄せた。一方、他の四頭は餌が取れなかっ

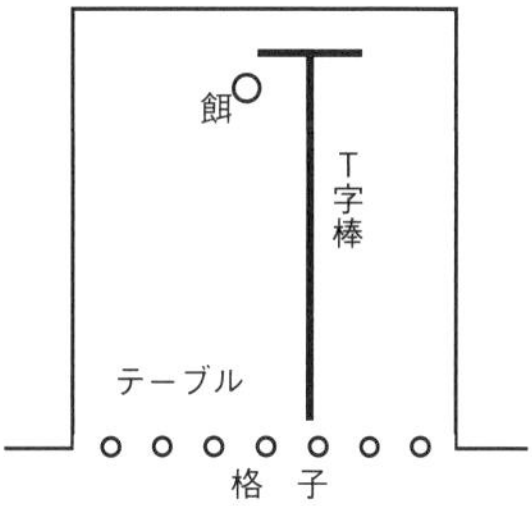

餌を取る実験

た。このうちの三頭は素手で試みたが、うまく行かないため怒ってT字棒を叩いたり、テーブルから突き落としたりした。

そこで、種々の長さの真っ直ぐの棒を多数与えて、三日間自由に遊ばせることにした。彼らはそれらを手に持ったり、口に咥えたり、ときにはその先で仲間を突いたりして遊んだ。そして第二のテストが行われた。このテストでは、すべての個体がT字棒で餌を速やかに引き寄せた。第一のテストでは三〇分かけても成功しなかった個体も、第二のテストでは最も遅い個体でも二〇秒以内に餌を引き寄せた。この個体は、最初は手でバナナを取ろうと無駄な試みをしたが、すぐT字棒を利用した。明らかに遊びの効果があった。棒での遊びはそれが手の延長になることを教え、彼らは実際の場面で多少形の異なるT字棒に対しても、その特性を応用したのである。遊びは問題解決に有効に作用したのである。

遊びはしばしば好奇心によって導かれる。一般に好奇心が強い動物は、よく遊ぶ。最後に動物たちの好奇心の実験を一つ紹介しよう。

ノースウエスタン大学のスティーヴン・グリックマンたちは、米国の二つの動物園に飼われている二〇〇頭以上の哺乳類や爬虫類の好奇心を調べた。檻のなかに、彼らがこれまでに見たことのない木片やチェーンのような新奇なものを入れ、彼らがどのくらいそれに目をやったか、触ったかなどを五

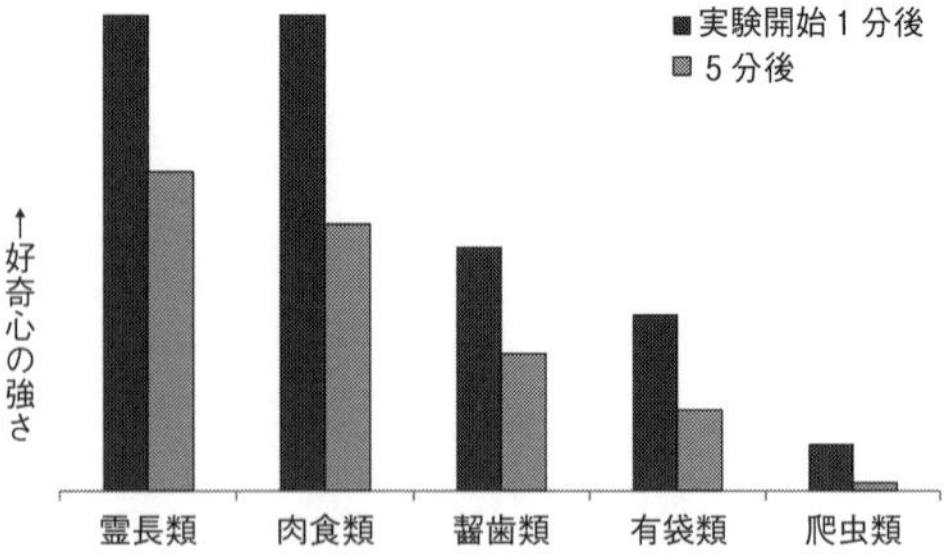

動物の好奇心（Glickman & Sroges 1966 より作成）

秒ごとにカウントした。その結果、サルの仲間の霊長類やライオンやトラのような肉食類は非常に好奇心が強く、それにネズミの仲間の齧歯類が続いた。一方、哺乳類のなかでもカンガルーやオポッサムのような有袋類、またトカゲやヘビといった爬虫類の好奇心は低かった。霊長類の高い好奇心は予想されるにしても、肉食類で高いのは意外だった。そういえば肉食類に属するイヌやネコもよく遊ぶし、けっこう好奇心の強い動物のはずである。

好奇心の強い動物は未知のものに関心を抱き、見たり触ったり、またそれらで遊ぶかもしれない。こうした経験は、動物たちに対象に関する様々な情報を与える。そうして得た情報は、将来生じるであろう種々の問題に対してきっと役に立つに違いない。

私たちは好奇心の強い霊長類に属する。もし私たちが創造的であろうとするなら、少々の無駄は大目に見ることにして、好奇心豊かに、おおいに遊ぶのがいいのではなかろうか。

# 躍動感に満ちたサルの世界——チンパンジーの心を探る

動物のなかでも、とりわけサルの仲間は私たち人間に近い。とくにチンパンジーは最も私たちに近く、最近の研究では、人間との遺伝子の違いはわずか一・六％に過ぎないという。彼らはきわめて私たちに近いのだが、近いということは、ごく最近まで、といっても五〇〇万年ほど前までだが、同じ生きものだったということである。だから両者にはともに共通する部分がかなりあるに違いない。ここではチンパンジーの世界を見てみることにしよう。

## 言葉を覚える

チンパンジーの示す能力については、京都大学霊長類研究所の松沢哲郎さんが様々な研究を行い、

『チンパンジーから見た世界』（東京大学出版会）など多くの著書に紹介している。そのなかから、いくつかを見てみよう。

人間の特徴の一つとして、言葉によるコミュニケーションがある。私たちは言葉によってかなり高度な情報のやりとりをしている。動物は言葉をしゃべらないが、彼らはある程度は私たちの言葉を理解する。イヌは人間の「お座り」という言葉に対して従うし、ハトは教えれば色と文字を結びつけることができる。

サルの仲間のチンパンジーやゴリラは、これらの動物よりははるかに優れていて、国外の研究では、手話を教えることにより百を超える「ことば」を覚えることができた。しかし、一つの手話のパターンを一つの事象と対応させることはできても、いわゆる「ことば」をつないで話すことはなかった。また、これらの動物の手の動きは私たちのように器用ではなく、たとえば人差し指と中指で作る「チョキ」や小指と人差し指を立てて作る「キツネ」などはできない。彼らの手話には限界がある。

そこで松沢さんは、コンピュータのキイボードのような装置を使って、彼らの言語的能力の解明を試みた。キイボードには記号のような図形文字が描かれており、それを実際のものと対応させる訓練をすると、彼らは見せられたものと対応する図形文字のキイを押すようになり、逆に図形文字を見て、それが表すものを指し示すようになった。たとえば、「りんご」を「正方形のなかの大きな白丸と小さな黒丸」の図形文字として覚えることができた。

チンパンジーのこうした学習は、「もの」についてだけでなく「色」や「数」についても可能で、そこで彼らは「茶色いスプーンが五つ」と、ことばをつないで表現できることも分かった。面白いことに、彼らは「茶色」と「スプーン」という語の前後を入れ替えることはあっても、数を常に最後にもってきた。彼らには独自の文法のような規則があるようである。チンパンジーは、かなり優れた言語的能力をもつように思われる。

## すぐれた認知能力

サルの示す優れた能力として、すばやい記憶がある。以前にテレビでこんな場面を紹介していた。たしかニホンザルだったように思う。彼らの目の前で二つのお椀を伏せる。一方の下には餌があって他方にはない。その二つのお椀を、彼らが見ている前で左右入れ替えたり回したりし、その後で餌がどちらにあるか尋ねる。サルは瞬時に手を伸ばして正しい方を指し示す。

これは比較的簡単なテストなので、それほど難しいとは思われない。ただ私が感心したのは、彼らがお椀の動きをほとんど見ていないことである。人間なら、餌のお椀がどちらに行くかジッと注視するに違いない。しかし彼らは平気でよそ見などをしている。それでも当てるのである。彼らはものを見ていないようで、結構ちゃんと見ているのである。

高所で腕を組むチンパンジー

瞬時のパターン記憶については、チンパンジーできちんとしたこんな実験がある。まず彼らにモニター画面に現れた数字を値の小さい順に指で差し示す作業を教えておく。そして実際のテストでは、画面上にでたらめに配置された数字を一瞬見せ、その後は数字を白い四角に変えて、正しい順に四角を追跡できるかテストする。こうしたテストでは若い個体は非常に優れていて、五つの数字をわずか〇・二秒見ただけで、正解率は八〇%だった。同じテストを人間で行うと正解率は五〇%と低い。また数字を七つに増やしても、チンパンジーの正解率は変わらなかったが、人間では五%以下になってしまった。瞬時のパターン記憶は明らかに彼らの方が優れている。こうした能力があるのは、自然のなかでは、たとえば仲間がどこにいるかを瞬時に記憶する必要があるからだろう。

もう一つ彼らの優れた能力を紹介しよう。彼らは私たち同様、仲間の顔を認知する。そこで、その認知にどのくらいの時間がかかるか写真を使って調べてみた。ただ、通常のように頭が上の「正常」な向きだけでなく、頭が横にくる「横向き」であったり、頭が下に来る「逆さ」であったりする。こうした条件で認知に要する時間を測ったところ、彼らは「横向き」に対しては人間より劣っていたが、「逆さ」に対しては人間より優れていた。逆さの写真は、私たちにはとっさには誰だか分からないが、彼らは瞬時に分かるのである。おそらく彼らの生活空間では、樹木から吊り下がる機会があるので「逆さ」の認知が得意なのだろう。私たちが「横向き」に得意なのは、私たちはよくゴロッと横になっていることが多いからかもしれない。

以上のようにチンパンジーは、かなりの言語的能力をもち、またある点では私たちより優れた認知能力をもっている。

## チンパンジーの集団

チンパンジーは、私たち同様、複数個体がグループを作って生活している。そこで彼らは社会的能力、つまり他の個体とうまくやっていく能力を身に着けているに違いない。彼らはどのようなグループを作り、どのようなやり方をしているのだろう。そのあたりはフランス・ドゥ・ヴァール著『政治をするサル』にうまく描き出されている。彼らの社会を見てみよう。

毛づくろいするニホンザル

観察されたのは、オランダの動物園の野外飼育場で飼われているチンパンジー二〇頭ほどの一団である。この集団での最上位の雄は、雄のなかでは最高齢で、ここではAと呼ぼう。第一位の雄はときに「威嚇誇示」を行う。これは強さを周囲に示すもので、フーフーといった威嚇の声で始まり、次第に高まって周囲のものに突進し、追い散らす。ひとたび威嚇が始まると、雌は子どもを抱き寄せ、周囲の者は逃げる準備をする。

雄の興奮がおさまると、雌や他の者は速やかに近寄って「あいさつ」をする。あいさつとは、相手を見上げるような姿勢で、「オホッ、オホッ」という声を出して、ふつうお辞儀を伴う。雌のあいさつでは尻が差し出され、「プレゼンティング」と呼ばれるが、これには性的な意味はない。こうしたあいさつの儀式が終わると、群れはくつろぎ、親和的な行動である「毛づくろい」がやり取りされたり、第一位の雄も子どもと遊ぶことがある。あいさつは、下位の者から上位の者に向かって行われるが、決して逆には行われない。

## リーダーの交代

こうした平和的な集団も、第二位雄Bの反抗から揺らぎだした。Bは次第にAにあいさつをしなくなり、ときには石や棒を投げつけた。あるときは、樹上に向かって威嚇するAに対して、樹上のBは飛び降りざま、激しい平手打ちを食わせて逃げた。Aは雌の集団に逃げ込み、雌を次々に抱擁したあと、支持者である彼女らを従えてBへの反撃に向かった。多数の雌たちの攻撃を受けたBは、飼育場の隅へと追いやられて敗北した。

面白いことに、雌Kは両者の和解を試みた。Kは二頭の雄を交互に毛づくろいしていたが、突然BがAに近づくと、AはBを軽く抱き、Bは尻を差し出して毛づくろいさせた。かくして和解が成立した。

しかしAとBの対立は続き、ときに流血闘争へと発展することもあった。ある闘争ではBが威嚇で挑発し、これに反発したAが雌の協力を得て取り囲み、樹上に逃げようとするBにかみついて傷を負わせた。また別の闘争では、BがAに投石したことから始まり、Aは逃げていたが、突然立ち止まって取っ組み合いとなり、そこへ数頭の雌が加わって争いは終結した。Aは傷つきBは軽症だった。

争いはときに夜の寝場所で起こることもある。他の者が関与できない寝場所では、若く腕力のあるBのほうが明らかに強かった。しかし、公共の場では必ずしも強者が勝てるわけではない。闘争の結末には第三者の存在が大きく作用する。

こうした事情は彼らもよく知っているようで、ある闘争ではBはAを挑発する前に四頭の雌を訪れ、順次毛づくろいし、子どもとも遊んだ。いかにも、雌に中立を守るよう告げているようだった。またBは「引き離しの干渉」という策も講じた。Aとともにいる雌を威嚇するのである。Bが枝をかみ折って威嚇すると、Aと一緒にいた雌Mはその場を離れ、またAと仲良く座っていた雌Fは、Bから激しく攻撃された。こうしたBの行為に対して、Aは雌たちを守ってやれなかった。Bによる「引き離しの干渉」は、Aの無力さを雌たちに印象づけ、次第にAは孤立していった。

さらに雄Cの存在もAを不利にした。雌から無視されていたCは、BがAと争っているとき、雌たちを攻撃した。これはBにとってプラスに作用した。体力の衰えたAは、雌たちからの支援を必要としていたからである。BとCの、Aや雌への対抗は、どちらにも利益があった。成功すればBは昇進でき、Cは雌の上に立てる。いわば「間接的連合」である。こうしたCの働きもあって、Bの反抗の開始後の七二日目には、AはBにあいさつして第一位の座をBに明け渡すことになった。そしてCは雌たちの上にのしあがった。

## 二代目から三代目へ

AからBへの政権移行後、集団は急速に平静を取り戻した。これまで対立していたライバルはともに遊ぶこともあり、雌たちは何ヶ月も見せなかった「遊び面」で戯れ、平和を歓迎した。

Bの第一位としてのやり方には、目を見張るものがあった。それは「敗者応援主義」、つまり強者を抑える「取り締まり」の採用である。これはエスカレートする闘争を芽のうちに摘み取り、集団に平和をもたらす。Bによる「取り締まり」は、以前には三五％だったが、昇進直後は六九％に高まり、全盛期には八七％まで跳ね上がった。

「取り締まり」はトップの仕事であり、これを行うトップには力強い支持が約束される。このBの政策は好評で、これまでAを支持していた雌たちは、次第にBに敬意を表し、さかんにあいさつするようになった。

しかしこうした平和の時代も長続きしなかった。時は流れ、AとCは連合し、両者のBに対するあいさつの不履行や威嚇誇示が目立ち始めた。そして多数の個体を巻き込む闘争を経て、Cの時代がやってきた。

新たなトップとなった雄Cには乱暴なところがあった。昇進直後の威嚇誇示で、突然幼い子どもを

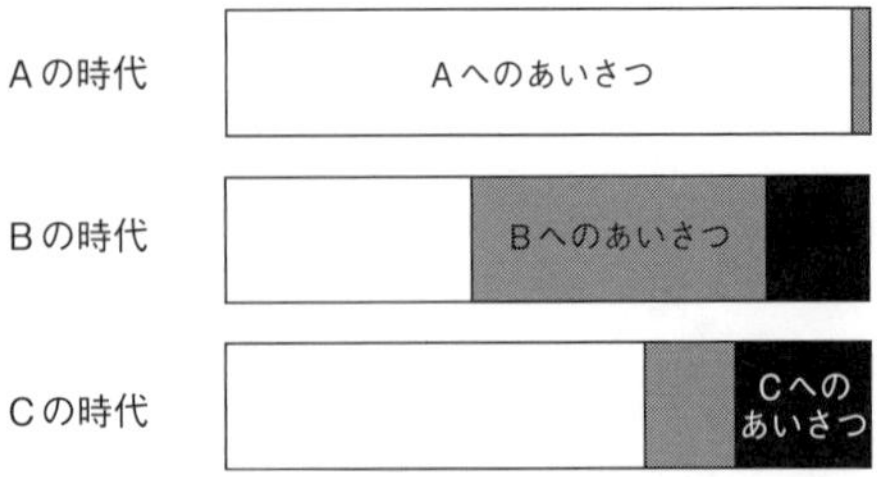


異なる時代でのリーダーへのあいさつの割合（ドゥ・ヴァール 1994 より作成）

つかんで壁に投げつけ、心配した雌たちが集まってきて大騒ぎになった。またこの雄は、「敗者応援主義」を採らなかった。そのため彼の評判はよくなかった。確かに雌たちは彼にあいさつしたが、反抗も見られた。雌たちは、この新しい雄を尊敬するというよりは恐れた。

この時期の「取り締まり」は、経験豊かなAが行った。そのためAはすこぶる人気があり、みんなから多くのあいさつを受けた。彼の人気は、Bの時代に一時低下したものの、現在は再び盛り返した（上図参照）。Aの経験とCの力が合わさってこの集団は維持された。しかしよく見ると、Aの狡猾さも目についた。Aは、争いを仲裁しようとするCを邪魔したり、ときには、雌とともにCを追い払うこともあった。こうした経験豊かなAの姿は、力のある若者を前面に押し立て、背後で実権を握る政治家のようにさえ見える。

ここではチンパンジーの集団の姿を見てきた。雄は上位を目指し、それには協力者を必要とした。そして都合により協力者を変えることもあった。Cは、はじめはBと連合してAを陥落させたが、つぎにはAと組んでBを蹴落とした。これに対して雌は平和愛好家だった。和解を仲介したり、平和的な生活を歓迎した。

## 喜び合う心

チンパンジーの心の世界を表す面白い話がある。インドやアフリカなどで長年にわたって調査をしてきた霊長類研究所の杉山幸丸さんのアフリカでの観察記録（『野生チンパンジーの社会』講談社）である。

森に大きなイチジクの樹があった。チンパンジーはイチジクが大好きである。この年も実が熟れ、彼らはやってきた。しかし樹は大きく太くて登れない。隣の木に登ってイチジクの枝を引こうとするが届かない。そこで小枝を折ってきて、イチジクの枝先を手繰り寄せようとするが、うまくいかない。こうするうちに周囲には多くの見物人が集まってきた。そして、挑戦者の小枝がイチジクの枝に当たると「ウヒャー」と声をあげて乗り出す。

しかし一向にイチジクの枝先はつかめない。選手交代して別のものも試みるが、すぐ諦める。最初のものが再度挑戦する。今度は自分の乗った木を大きく揺すり、立ち上がって背をいっぱいに伸ばして手を上げる。この作業を数回。ついに挑戦者はイチジクの枝先をつかみ、その樹へと乗り移った。この瞬間、見物人たちから森を揺るがさんばかりの大歓声。

イチジクに登った彼は、喜び走りまわってイチジクを食べない。そのうち重たい枝でイチジクの枝

枝を引き寄せようとするチンパンジー

を押し下げたり、先人の重みで垂れ下がったイチジクの枝を伝って、他のものたちが次々と上がってきた。彼らは興奮した声を上げながら枝から枝へと走りまわり、抱き合った。イチジクを食べ始めたのは、ひとしきりしてからである。

ここには彼らの喜びがよく表れている。「これはもはや、興奮などという単純な心理状態ではない。明らかに感激のひとときであった」と杉山さんは書いている。明らかに彼らは、ものごとを達成することに大きな喜びを感じているのである。

## サルとヒト

ここではチンパンジーの能力や様々な姿を見てきた。彼らに見られた傾向——雄による「権力志向」、雌たちの「平和主義」、そして「ものごとを成し遂げる喜び」。こうしたものが、もし私たちにあるとするなら、それはヒトが人間になる以前のサルの時代から持ち越してきた「本質的なもの」ということができるだろう。

# 次世代を担う子ども——彼らはどう育つべきか

私たち哺乳類や鳥の仲間では、子どもは無力なかたちで生まれてくる。親の世話なしには子は育たない。そこでは親は子に注意を払い、子は親の関心を引くように作られている。こうして見守られて育つ子も、ゆくゆくは自立する。その過程では、親は子にものを教えることがあり、また子は自主的にものを学ぶこともある。子どもはどのように育つのがいいだろう。ここでは動物を含み、子どもにまつわる話を紹介しよう。

## 可愛い子ども

子どもは可愛い。とりわけ小さい子どもはそうである。こうした可愛らしさは、とくに人間の子どもに限ったものではない。私たちはイヌの子でもクマの子でも可愛らしく感じる。動物行動学者のコンラート・ローレンツは、人間や動物の子どもには共通的な特徴があり、それを「幼児図式」と呼んだ。

子どもの顔は丸みを帯び、目は顔全体に比して大きく、鼻や耳のような突起物は小さい。また目はやや下の方にあって額が広い。このような特徴が子どもを可愛らしく見せているという。そして、それが親からの世話を引き出しているという。

幼児図式（Lorenz 1943より改変）

このような特徴から、私たちは小鳥の子でもイヌの子でも確かに可愛らしく感じる。おそらく逆に、イヌなども人間の子どもを可愛らしく感じているに違いない。動物を飼っている人ならよく知っているように、彼らは私たちのことを結構よく知っている。カラスでこんな観察がある。

公園のカラスに餌を投げると寄ってくる。だが近寄る距離は限られている。面白いのは、その距離が投げ手によって違う点であ

コイに餌をやる鳥

る。投げ手が大人の男だとカラスはあまり近寄らない。一方、幼児や老人ならかなり近づく。子どもの場合には手の平から餌をとることさえある。また大人の男といえども、柵越しに餌を与える場合には足元までやってくる。彼らは私たちのことをよく分かっているのである。そんな動物たちだから、彼らは人間の子どもでも、きっと可愛く感じているに違いない。

## 面倒を見る親

動物の子が可愛いらしくできている一方、親も子の面倒をよく見るようにできている。小鳥の親がヒナに餌を与える姿はよくテレビで見かける。ツバメのヒナは、帰ってきた親が巣に止まる前から気配を感じてさかんに口を開ける。

偽傷するコチドリ

鳥の親は大きく開かれた口に反応するようにできている。この反応は非常に強いもので、ときに誤りを犯す。ヨシキリなどの親は、紛れ込んだ自分より大きなカッコウのヒナにさえ餌を与えてしまう。この現象は「託卵」として広く知られている。

またこんな観察もある。米国に生息するコウカンチョウでは、ヒナを失った親が、採ってきた餌を与える対象がないため、たまたま池の縁で口を開いていたコイにその餌を与えた。すると、コイは鳥が池に来ると餌がもらえるのを学習し、一方鳥はその習性からさかんにコイに餌を与え続けた。そんな関係が数週間も続いたという。

動物の親は子を守るために、ときに自己犠牲的な行動までする。地上に巣を作る鳥では、キツネなどの捕食者に卵やヒナが襲われることがある。そのような鳥の親は、捕食者の姿を見つけると巣から少し離れて、いかにも怪我をしたかのように羽をばたばたさせる。捕食者がそちらに気をとられて近寄ると、鳥はばたばたと次第に巣から遠ざかる。そしてある程度巣から離れると、鳥は本性を現してさっと上空へ飛び去る。実に巧みな行動である。これは「偽傷行動」と呼ばれ、シギやチドリの仲間でよく知られている。偽傷行動は親自身を危険にさらすが、かりに親が犠牲になったとしても、巣に残されたヒナが巣立ち間際なら自力で生きていける。こうして偽傷行動に関わる遺伝子は残された子らによって受け継がれる。

## どのような親がいいか

子どもにとって好ましい親とはどのようなものだろうか。ウィスコンシン大学のハリー・ハーローは、母親から引き離した幼いアカゲザルの子に、哺乳瓶を備えた針金製の母親と、哺乳瓶のない毛布製の母親を与えて、どちらを好むか滞在時間を記録した。一～二二日齢のサルの子は、一日のうちの一二時間を毛布製の親のところで過ごしたのに対し、針金製の親のところではわずか一・五時間しか滞在しなかった。また一六五日齢までの子ザルでも傾向は同じで、滞在時間は毛布製が一四時間なのに対して針金製は一時間だった。つまり、彼らはほとんどの時間を毛布製の母親にしがみついて過ごし、非常に空腹になったときだけに針金製の母親からお乳をもらった。

また、サルの子が怖がるような動いたり音が出たりする玩具をケージに入れて、彼らが、針金製と毛布製のどちらの親を頼るかテストしたところ、毛布製の親に行ったのが六〇%に対して、針金製の親に行ったのはわずか一〇%だった。

さらに針金製の母親だけの状況と、毛布製の母親だけの状況を作って子ザルを育てたところ、前者では子ザルはしばしば消化不良を起こした。針金製の母親のもとでは、毛布製の母親が提供する柔らかい心地よさが欠如するため、精神的ストレスがもたらされたのだろうとハーローは推定している。

このようなことから、子どもにとって好ましい母親とは、かつて一部で思われていたような食物を提供する母親というよりは、むしろ心地よく安心感を与える母親であることが分かる。

さらに、「裸のサル」の著者として知られる英国のデズモンド・モリスは、最近出版した著書(『赤ちゃんの心と体の図鑑』日高敏隆他日本語版監修、柊風社、および『子どもの心と体の図鑑』今福道夫日本語版監修、柊風社)のなかで、人間の子どもの健全な発達には、幼い頃の環境が非常に重要であると述べている。とくに人生の最初の二年間に赤ちゃんがどのように扱われるかは、その後の人生に大きく作用するという。研究データによると、幼い頃にたびたび親の替わった子どもは、社会性の発達の害される可能性が高く、したがって精神的に健全な子どもが育つためには、安定した愛情豊かな保護者が必要だという。それはふつうは母親なのだが、状況によっては他の人でもかまわない。大切なのは、子どもにとって信頼できる人が、少なくとも一人は安定して存在することなのだという。

## 育つ子ども

親に見守られて育つ子も、ゆくゆくは自立する。その過程で子は様々なものを身につける。動物の親はときに子にものを教えることがある。ボノボ（ピグミーチンパンジー）の母親は、子が食べられないものを口に入れようとすると、それを取り上げて手の届かないところに置く。チンパンジーの母親は、好ましくないものを子が口に入れると、指で喉をはじいて飲み込むのを禁止する。こうした経験を積んで、子はものを知っていく。また教えられずとも、子は見ているだけでものを学ぶこともある。ヘビを例に紹介しよう。

私はヘビが嫌いである。またほとんどの人がヘビを嫌う。だから「ヘビ嫌い」は生まれながらに備わった生得的なもののように思われる。かつてテレビでこんな映像を見た。樹上で寝ていたサルの群れが、突然夜中に大騒ぎになった。どうしたのだろうと撮影スタッフが懐中電灯で照らしたところ、ヘビが上がってきたのである。サルたちはヘビを非常に恐れていた。おそらく私たちの祖先も、サルの時代からさんざんヘビにいじめられただろう。そのような歴史的経験から、私たちはヘビ嫌いになったのかもしれない。

ところが世の中には変わった人もいるもので、ときにヘビが大好きだという人がいる。私たちの研究室にいたM氏がそうある。とにかく彼はヘビが好きで、ヘビの柄のシャツは着るし、机や棚はヘビの置物で満ちている。ヘビの模型にこんなに種類があるかと思うほどである。

あるときイスラエルから鳥の研究者が来日し、私たちの研究室で鳥の生態を紹介した。子育て中の鳥の巣がヘビに狙われる話だった。親はヒナを守るためにさかんにヘビを追い払おうとした。だがヘビは連日執拗に迫ってくる。親は必死である。ヒナの運命は風前の灯と思われたが、最終的には果敢な親がヘビを攻撃して弱らせ、その体をぶら下げて遠くへ捨てに行くことになった。やれやれである。講演後にM氏に「今日の話は面白かったなあ」といったら、返事はひとこと「ヘビが可哀想だった」。

## ヘビ嫌いは獲得的か

このように結構ヘビ好きな人もいるので、ことによるとヘビ嫌いは生得的なものではなく、生後の経験によって作られる獲得的なものかもしれない。ヘビが嫌いなのはサルも同様である。ヘビ嫌いが先天的なものか否か、ニホンザルに近いアカゲザルを使って、テキサス大学の女性研究者スーザン・ミネカが調べた。

サルはしゃべらないので、その好悪の判定には工夫がいる。そこで、こんな装置を考案した。ケー

ヘビの実験

ジのなかのサルに好物のレーズンを与える。ただしサルがそれを取るためには、アクリル製の透明な箱の上に手を伸ばさなければならない。箱のなかには本物のヘビやおもちゃのヘビ、また中立的な木片などを入れておき、サルが躊躇するかどうか、餌を取るまでの時間などを測る。

まず最初に野外で育ったサルがテストされた。彼らはすでにヘビと出会っている可能性がある。野外のサルは明らかにヘビを嫌った。箱のなかが木片のときはすぐ餌を取ったが、なかが本物のヘビや模型のヘビのときには一分近くもかかった。一分というと短く思われるかもしれないが、信号で一分待つのを思い起こしてほしい。彼らはヘビにはかなり躊躇するのである。

次に、まったくヘビを知らない実験室育ちのサルがテストされた。すると、これらのサルはヘビをまったく怖がらなかった。箱のなかが木片であろうがヘビであろうが、まったく変わりなく手を伸ばした。ヘビを嫌う習性は先天的なものではなく、生後の経験によるものと分かった。

では、こうしたヘビ嫌いはどのようにして発達するのだろう。通常のいわゆる心理学でいう「学習」によると、ある行動が不快や苦痛を伴うときには、その行動は避けられるようになる。つまり、ヘビに噛まれれば痛みや苦しみを味わい、それがヘビを避ける心理を植えつける。しかし野外のヘビ嫌いのサルが、すべてヘビに噛まれた経験をもつとは、とても思えない。そんなことをしていたら、かなりのサルが死んでいたはずである。だから恐らく、あるサルがヘビと出会った様子を他のサルたちが見ていて、ヘビへの嫌悪感が広まったものと推定される。

## 仲間から学ぶ

そこでこんな実験をした。子ザルに、母親が例の装置でテストされるのを二メートルほどの距離から観察させ、その後子ザルがヘビを避けるようになるか調べた。母親はもともとヘビ嫌いなので、透明箱にヘビがいるときはかなり躊躇し、手を伸ばすのに時間がかかる。また、恐怖を感じているサルは後ずさりしたり、顔を歪めたり、毛を逆立てたり、恐怖の声をあげたりする。こうした光景を子ザルは見ている。母親のテスト終了後、今度は子ザルがテストされた。母親の行動を見た子ザルは、以前には恐れなかったヘビに恐怖を抱くようになっていた。こうして植え付けられた恐怖心は、三ヶ月後のテストでも失われていなかった。恐怖心は親から子へ伝染したのである。

ではこの伝染は、親子間でなければ起きないのだろうか。母親に代わって、今度は赤の他人のサルをモデルにして、子ザルに観察させた。結果は明瞭で、必ずしも母親でなくとも子ザルは恐怖心を発達させた。

現在野外にいるサルたちのほとんどがヘビ嫌いである。それには、こうした個体間の伝染が大きな役割を果たしただろう。しかし少なくとも当初は、誰かがヘビの犠牲になったはずである。そうした犠牲と心理の伝染の上で、現在の多くの個体は安全に暮らしているのである。

集団で暮らす動物は、仲間の状況をよく見ている。群れのなかで育つ若い個体も、周囲の個体の仕草を見ながら、様々なことを主体的に学びとっているはずである。

## 「教える」か「学ぶ」か

私たちの世界には教育というのがある。子どもを「教え、育てる」のである。だがこの言葉には、子どもの主体性が感じられない。子どもは教えられ、育てられる立場にある。

かつて京都市は、子どもの「理科嫌い」に対処するため、「二一世紀の理科を考える市民会議」を立ち上げた。委員長は私の師である日高敏隆先生だった。私も末席ながらこれに参加させていただいた。

二年間の議論の末にできあがった報告書には、日高先生の色彩がよく表れていた。子どもは本来「理科好き」「学び好き」であり、「自ら育つ」ものと認め、「子どもは育てなければならない」「教育を与えなければならない」という義務感は、大きな誤解だとした。そこでは、子どもの主体性が尊重され、子どもが本来もつ能力を伸ばすのが大切だとされた。

この報告書の発表の席上で、記者会見が行われた。委員長の日高先生が一通り報告書の説明をしたあと、記者からの質問を受けた。そのなかにこんなのがあった。「子どもの自主性に重きを置いているが、子どものなかには自主性の弱い子もいるだろう。そうした子どもを置き去りにすることにならないか」というものだった。記者というのは弱者にも目を配り、賢い質問だと思った。日高先生はどう答えるだろう、と耳を傾けた。答えは、「いや、大丈夫だ。子どもはみんなちゃんと自ら育つようにできている。昔からそうして育ってきた」というものだった。

これには、さすがだと思った。ここで、「確かに自分ではできない弱い子もいますね。そういう子は、別に対応を考えましょう」などと答えたら、「ではどこまでが弱い子なのか」、また「その面倒はどうするのか」といった話になり、結局は子どもを「手取り足取り面倒みましょう」というこれまでのやり方に戻ってしまう。とにかくここでは、これまでやって来た一段上から教え込む教育は改め、自主性を尊重する新しい方針で進むのが大切である。先生はこの最も重要な点をはっきりと主張した。

## のびのび育つ子ども

子どもの主体性を尊重するこうしたやり方は、理科教育だけの問題ではない。日常の生活においても同じだろう。子どもは育つ過程で様々なものを見、興味をもち、身につけていく。そうした子どもの能力を引き出すのが大切である。このあたりの考えは、日高先生が晩年に出版された『ぼくの生物学講義』（昭和堂）の第一〇講「人間は集団好き」に実にうまく書かれている。そこでは、子どもがどのようにして知識を得、どのようにして他人とうまくやる術《すべ》を身につけているかが、巧みに描かれている。

子どもは松の木に例えられるかもしれない。松は日射しや水、風通しといった環境が整えば、自ずからまっすぐに育つ。これに不必要な外力を加えれば、盆栽に見るような捩れた松にすることもできる。次世代を担うのは子どもたちである。捩れた子どもが育てば次世代は捩れるだろうし、のびのびと穏やかな子どもが育てば、次世代は穏やかになるだろう。子どもは、のびのびと育ってほしいと思う。

# 右と左の世界——左右性の視点から動物と私たちを見る

私はかつてヤドカリを研究していたことから、動物の左右性に興味を持っていた。ヤドカリは巻貝の殻に棲み込んでいるので、その体には左右不相称が見られる。動物は基本的には左右相称だが、よく見ると様々なところに不相称が見られる。私たちも同様であり、それは私たちの世界にも影響を与えている。ここでは動物や私たちの左右不相称にまつわる話を紹介しよう。

## 動物たちの右と左

私たちを含め身の回りの生きものは、体の左右がほぼ対称的である。イヌ、ネコ、ハエ、セミ、トンボ、小鳥いずれもそうである。これに対し、カタツムリやヒラメは左右不相称である。またシオマネキというカニの雄は、左右どちらか一方のハサミが極めて大きく、体重のほぼ三分の一を占める。そんな重いものを振り回す彼らはよろけてしまいそうだが、よくしたもので、彼らの脚の巨大ハサミ側は少し長く、体の重心が両脚から外れないようになっている。

大半の動物が左右相称なのに対し、なぜ一部の動物は左右不相称なのだろう。だがこの問いを考える前に、なぜ多くの動物は左右相称なのかも考えてみる必要がある。この問いに適切な解を与えたのは、一九世紀に進化学の分野で活躍したエルンスト・ヘッケルである。彼は、生きものの体型は生活様式によって決まると考えた。水中で浮遊生活する単細胞のタイヨウチュウや藻類のボルボックスは球形で、岩にへばりついて固着的な生活を送るイソギンチャクやウニは放射状の形（放射相称）をしている。これに対し、自由に動き回れる動物は左右相称である。左右相称が直進運動に適切なのは直感的にもよく分かる。

自由生活者は左右相称がいいとすると、自由生活者のなかになぜ不相称のものが生じたのだろう。左右不相称の代表であるカタツムリが、なぜ螺旋形なのかはよく分からない。長い体をコンパクトに纏めようとするなら、渦巻きにするのは一つのやり方だが、それが原因かどうかは分からない。これに対し、「左ヒラメ、右カレイ」として知られたこれらの魚は、海底に横たわって姿を隠すために体を平たくし、そこで左右不相称が生じたというのは、よく分かる。彼らの一方の目は、ふだん海底に向かない側に移動している。その幼魚は、ふつうの魚のように体の左右に眼をもっているが、生育の

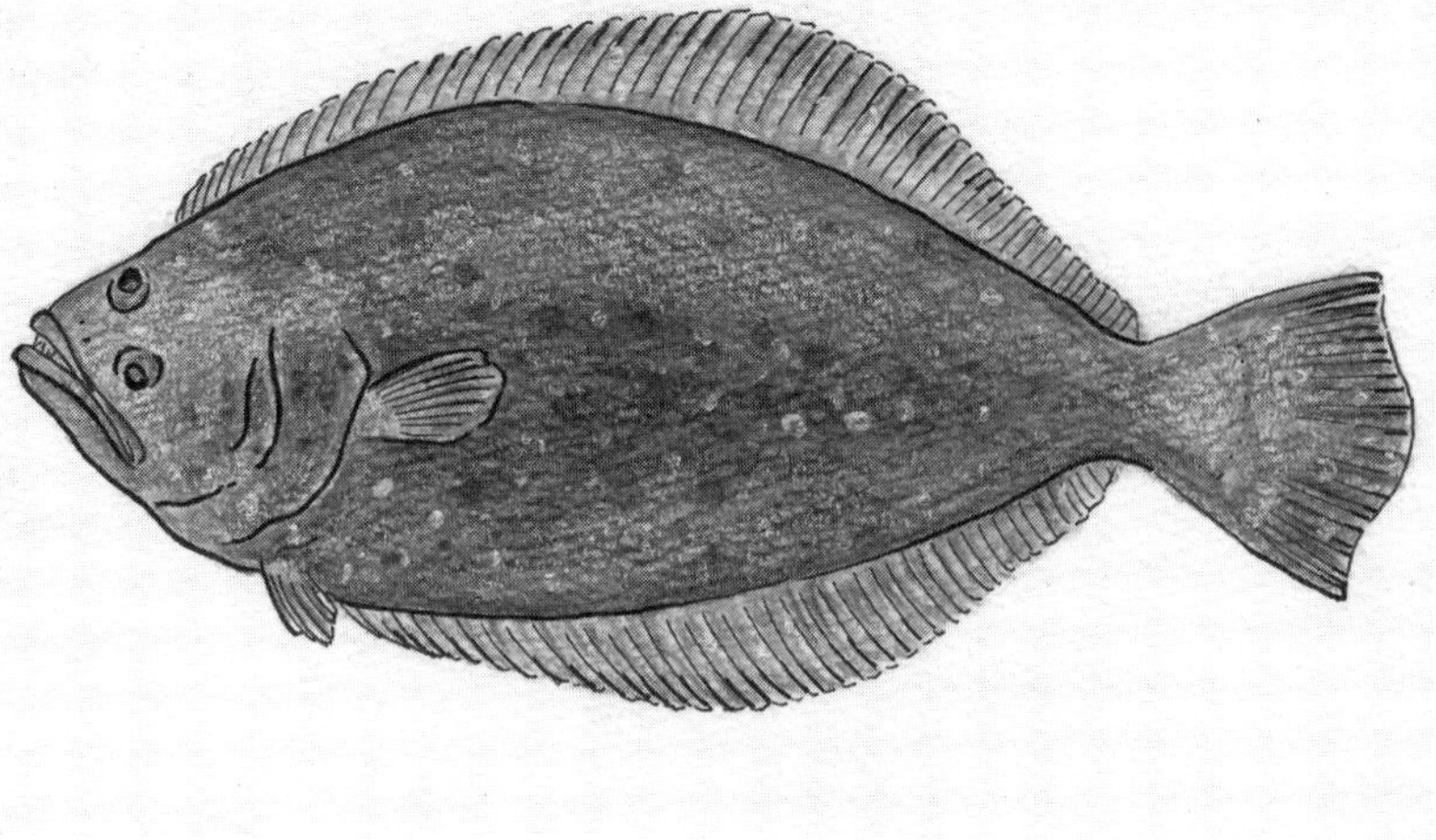

左の体側に二つの目をもつヒラメ

過程でヒラメは右目が、カレイは左目が頭の上を超えて反対側に移動し、その結果、私たちから見てヒラメは左向き、カレイは右向きになる。

エビやカニの仲間には左右のハサミが異なるものが多い。そしてそのあり様は様々で、たとえばシオマネキの場合、ハクセンシオマネキは右利き（右のハサミが大きい）と左利きが半々なのに対し、ヒメシオマネキは九八％が右利きである。これらのカニは小さいハサミで餌を拾い、大きいハサミで雌の誘引や雄同士の闘争を行う。

オマールエビとして知られたウミザリガニでは、一方のハサミが大きくがっちりしていてクラッシャー（粉砕器）と呼ばれ、他方は小さく鋭いのでカッター（切断器）と呼ばれる。一対ある器官は、形や大きさを変えることによって異なる道具として使うことができ、仕事の幅を広げる。いわば「道具としての使い分け」が可能となる。

## バッグのような体

多くの動物は外見上左右相称だが、体内にはしばしば不相称的な構造が見られる。私たちの心臓はやや左にあり、肝臓は右にある。ある人は、このような現象をボストンバッグに例えた。ボストンバッグは外から見ると相称的だが、なかはかなりばらついている。自由生活者の直進運動に必要なのは、外形の相称である。中身がどんなに乱れていようが、外側さえ整っていればよい。

では、なぜ体内は不相称なのだろう。一つの考えは、消化効率を上げるため消化管を長くしたというものである。長いものを狭い空間に収めるのには、捻じれや渦巻きにするのがよく、これは必然的に不相称を生じる。ひとたび消化管が不相称になると、それに連なる肝臓や膵臓といった付属物も、体の中央からずれる。

体内の不相称のなかでも変わったものに、ヘビの肺やトリの卵巣がある。原始的なニシキヘビの仲間は左肺が小さくなっているが、ほとんどのヘビでは左肺が痕跡的ないし完全に消失していて右肺だけでやっている。ニワトリやハトなど多くの鳥では、左側の卵巣や卵管だけが発達している。

ヘビの片肺は体を細くするためであり、鳥の片側のみの卵巣は体を軽くするためだろう。だからこれらの例では左右不相称それ自体、つまり右と左で異なることに意味があるのではなく、「隙間に潜む」とか「飛翔する」といった「生態的要求」によって生じた不相称と考えられる。ヒラメの体型も「体を隠す」という生態的要求によるものといえよう。一方、消化管の不相称は「生理的要求」によるものと見なすことができる。

## 行動における不相称

ボールを蹴るとき、私たちはどちらの足を使うだろう。ある調査では、右足の九三％に対して左足の三％だった。利き手のように、私たちの足にも「利き足」がありそうである。ほとんど左右同形の足でも、その使い方に差がある。こうした行動の不相称は、他の動物でも見られる。

テレビのある自然番組で、沖縄のミナミコメツキガニが紹介されていた。丸っこく坊さんの頭に似ているので、中国語では「和尚蟹」という。干潟に無数に群れたこのカニにカメラが近づくと、川の流れのように一斉に逃げ出した。ところがよく見ると、そのなかにクルクルと回りながら泥のなかにもぐるものがいた。彼らの回る方向に好みはあるだろうか。

沖縄に行く機会があったので、さっそくこれを調べてみた。カニを捕まえて放り投げ、泥にもぐったら掘り出して再び投げるというテストを、いく匹かでやってみた。結果は、回転方向は個体ごとにバラバラで、また同一の個体でも右回りや左回りがあった。結局、彼らの行動に癖のような傾向は認

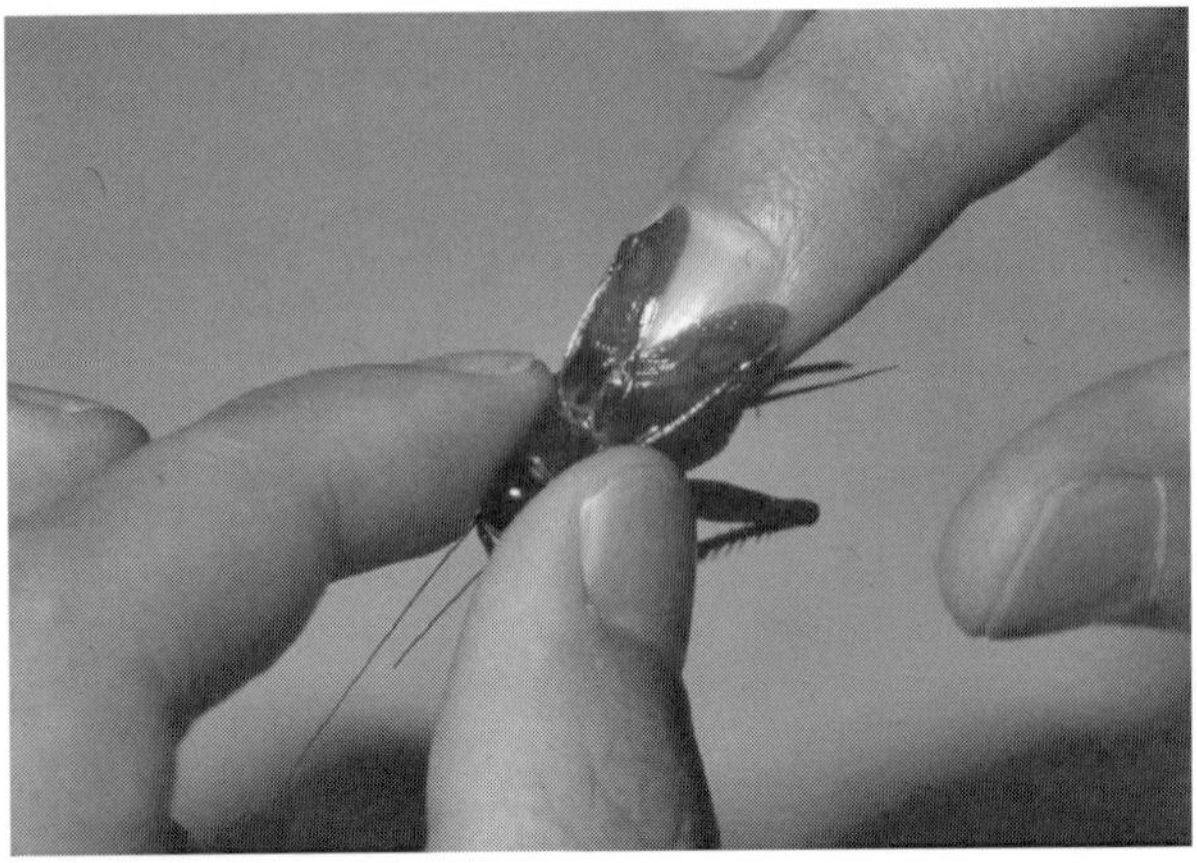

コオロギを鳴かせる

められなかった。彼らは素早くもぐる必要があるので、泥表面のランダムな凸凹に応じて、回転方向を決めているようである。

コオロギは右翅を上にして鳴くという。ある子ども向けの図鑑には、右翅の裏に「ヤスリ」が、左翅の上に「こすり器」が描かれていた。しかし左翅にヤスリや、右翅にこすり器は描かれていなかった。彼らは右翅でしか鳴けないようである。

そこでエンマコオロギの雄一〇匹を捕まえて来て調べたところ、確かにすべての個体で右翅が上だった。ところが驚いたことに、左右の翅はほぼ同じ形だった。解剖顕微鏡でよく見たところ、左翅にもヤスリがあり、右翅にもこすり器があった。だから彼らは左翅でも鳴けそうである。

そこで彼らの翅の上下を入れ替えてみた。ところが彼らは腹を曲げてすぐ戻してしまう。それならということで、人差し指を翅の下に入れて翅を浮かせ、親指と中指で開かれた翅を両側から押してみた。ジリジリと音が出た。これは右翅が上でも左翅が上でも同じだった。彼らは左翅でも鳴けるはずである。にもかかわらず彼らは右翅でしか鳴かない。なぜだろう。現在のところその理由は分からない。

## サルの利き手から言語へ

私たちの世界で左右性というと、利き手がまず思い浮かぶ。私たちの多くは右利きで、国の内外を問わず多くのデータは、左利きが一割程度であることを示している。

ではネコやイヌではどうだろう。かつて段ボール箱の側面に丸い小穴を開けてネコに提示したところ、そのネコは右手を穴によく突っ込んだ。しかし多くの個体を使った実験によると、イヌやネコでは、一方の手をよく使う傾向はあるものの、私たちの利き手のように集団としての一方向への偏りは認められなかった。また、これらの動物は私たちとつながりが強く、人間の影響を受けているので、利き手の研究には向かないかもしれない。

わが国のサルの研究は世界的にも名高く、利き手も調べている。古く一九五五年に伊谷純一郎先生は大分県高崎山のニホンザルを調べ、コムギの粒を拾うのに左手を使う個体が多いのを観察している。また一九六七年に河合雅雄先生は、宮崎県幸島のサルにサツマイモを投げ与え、彼らの多くが左手でキャッチするのを報告している。

サルの左利きの傾向は、国外の多くの種でも見つかっている。アフリカからアジアにかけて見つかる原始的なキツネザルやロリスの仲間、中南米に生息するオマキザルの仲間、またニホンザルに近いアカゲザルやヒヒでも、食物を取るのに左手をよく使うという報告が多い。

一方、私たちに近い類人猿の仲間では利き手はばらついている。網の目に挟んだレーズンを取るテストでは、六頭のテナガザルすべてが左利きで、オランウータンは左利き三頭に対して右利き四頭と差がなく、ゴリラは左利きが二頭で右利きが一〇頭と右への偏りが強かった。また細い管の内側に塗ったピーナッツバターを指で取るテストでは、オランウータンは左利き一五頭に対して右利き四頭と左への強い傾向があり、ゴリラは左利き一二頭で右利き一五頭と差がなく、チンパンジーは左利き一〇頭に対して右利き二七頭と右利きの個体がかなり多かった。類人猿をまとめると、樹上性のテナガザルやオランウータンでは左利きの傾向が、地上性のゴリラやチンパンジーでは右利きの傾向が窺われる。

人間の世界では、多くの母親が左手で赤ちゃんを抱く。これは器用な右手で哺乳瓶などを操作できるからである。類人猿の仲間のオランウータン、ゴリラ、チンパンジーいずれでも左手による子の抱きかかえが認められている。モナシュ大学のジョン・ブラッドショウは、左手による子の保護は、私たちと類人猿の共通の祖先に起源するだろうと推定している。

左手で子を抱くゴリラ

こう見てくると、下等なサルの左利きに対して高等な類人猿のやや右利きの傾向が認められる。こうした傾向をもとにテキサス大学のピーター・マクネレージは、利き手の進化について次のような説を考えた。下等なサルは樹上性で、(理由は分からないが)右手で枝に掴まって体を支え、左手で餌をとっていた。そこで左利きになっている。続いて体の大型化したゴリラやチンパンジーは地上生活者となり、餌を取るのにもはや右手による支えが不要になった。そこで彼らは、自由になった右手でエサを処理するなど複雑な操作を行った。自由で器用になった右手は食物の処理だけでなく、さらに「手振り」といった個体間のコミュニケーションにも役割を果たすようになった。サルの仲間でも人間でも、右手は左の大脳半球(左脳)によってコントロールされており、また私たちの言語中枢も左脳にある。そこで、類人猿の巧みな右手の使用は左脳の高度な発達を促し、それが、ゆくゆくは私たちのコミュニケーションに特有な言語の進化にもつながった、という。

## 調和した科学と芸術の世界へ

左脳は器用な右手や言語をコントロールしている。では右脳の役割は何だろう。右脳は左手をコントロールしているが、他にも得意分野がある。カリフォルニア大学のディーン・デリスらは、片側の脳が損傷した患者で次のような研究を行った。

まず被験者に三秒間、左頁に示したAのような図を見せ、続く一五秒間をまったく別の作業に従事させる。その後、先に見せた図がどんなものだったか描いてもらった。そうしたところ、右脳の損傷者はBのような図を、左脳の損傷者はCのような図を描くことが多かった。つまり健全な左脳の保持者は、図の細かい部分を正確に捉えたが全体的な把握は苦手だった。一方、健全な右脳の保持者は細部よりも全体的な把握に優れていた。

また、モントリオール神経学研究所のドリーン・キムラは、音楽は右脳で「聞く」ことを実験的に示した。バロック音楽から四秒ほどのメロディーを多数抜粋し、一回のテストにそのうちの四つを使った。まず四つのメロディーから二つを選んで、同時に両耳からイヤホーンを通じて聞かせる。つまり左右の耳は異なるメロディーを同時に聞いている。四秒の休止後、ランダムに並べた四つのメロディーを両方の耳から聞かせ（このときは左右の耳は同じものを聞いている）、最初に聞いたメロディーが何番目にあったかを答えてもらった。つまり最初に与えた左右の耳からのメロディーのうち、どちらがよく記憶されたかを調べた。

被験者二〇人のうち一六人は左耳で聞いたメロディーを、二人は右耳で聞いたメロディーをよく記憶しており、残りの二人は左右で差がなかった。左右の耳からの情報は、それぞれ反対側の脳に伝達されるので、メロディーの把握には右脳が優れていることが分かる。

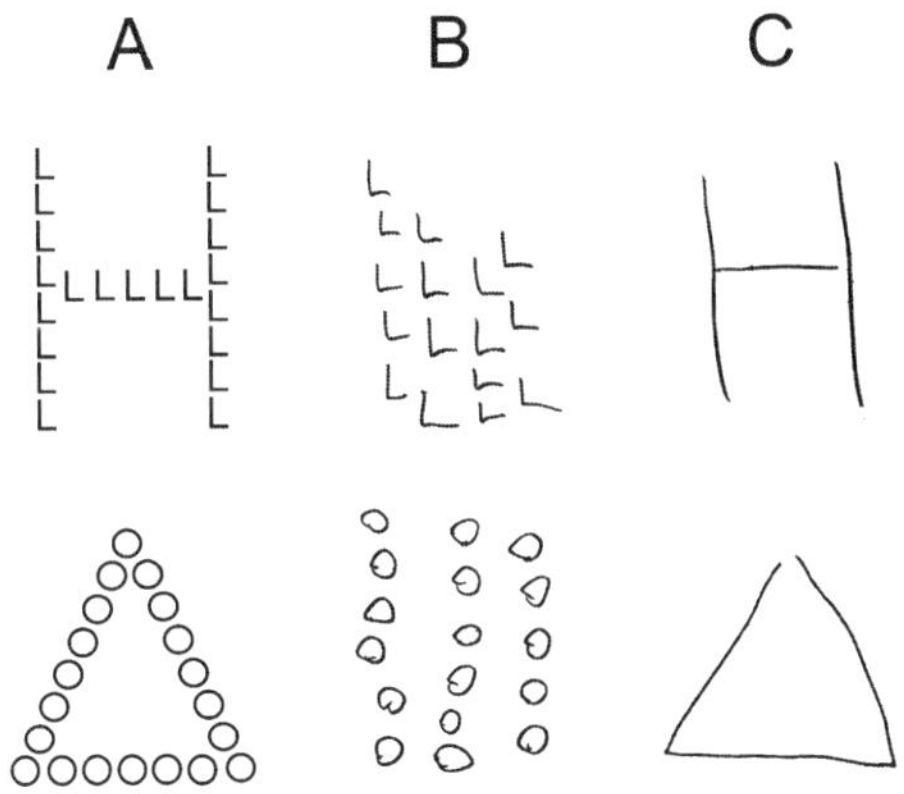


脳の左右性の研究で描かれた図（Delis et al. 1986 より改変）

この研究をきっかけに右脳の研究は高まり、笑いやため息といった感情に根差した音声の受容のほか、最近では表情から相手の心を読み取るのにも、右脳の優れていることが分かっている。

言語や分析力に優れた左脳は科学的な脳、総合力や情緒的把握に優れた右脳は芸術的な脳といえそうである。そうなら左脳の優れた右利きの人は理系に、右脳の優れた左利きの人は文系に向いているかもしれない。わが国のある大学で約二〇〇人の学生を対象に行った調査では、左利きの割合は理系で三・二%、文系で八・四%だった。また私が試験監督中の暇にまかせて行った「鉛筆を持つ手」の調査では、理学部の学生九四四人のうち一七人(一・八%)が、芸術学部の学生二五七人のうち二四人(九・三%)が左利きだった。右脳の優れた学生たちは総合的な分野を志す傾向が伺われる。

利き手はふつう一方に偏るが、人によっては、両手が器用な方が便利だろうと考えるかもしれない。しかし高度に複雑な作業には、一方を専門化させる方がいいだろう。高度な能力はしばしば訓練を要し、二つを訓練するより、一方に集中させた方が効率的なはずである。二つのものの所有は、それぞれを専門化させて「道具として使い分ける」ことによって、仕事の幅を広げる。もし私たちが左右同じような脳をもっていたら、限られた方面にしか能力を高められなかっただろう。私たちの左右の異なる脳は、科学と芸術のバランスのとれた「奥行きのある世界」をもたらしているといえそうである。

## 生活とリズム——コンディションをコントロールする

私たちは、朝型とか夜型とかいうように、コンディションのいい時間帯が人によってしばしば異なる。こうした傾向は自由に変えられるだろうか。また、私たちは基本的には昼間に活動する昼行性だが、ときに夜勤をすると仕事の効率は多少なりとも下がる。これは、私たちの体内にリズムがあるためである。こうした体のコンディションをうまくコントロールできるなら、私たちは効率的かつ快適に過ごせるだろう。一方、乱れた生活サイクルは寿命を縮めるかもしれない。ここでは私たちや生きもののリズムについての話を紹介しよう。

## 昼夜変化とリズム

私たち人間はふつう昼間に活動するのに対し、ネズミやゴキブリは夜になると出てくる。前者は「昼行性」であり、後者は「夜行性」である。こうした時間的傾向は植物にも広くみられ、アサガオが朝に、ユウガオが夕方に花を開くのは周知の通りである。路傍にごくふつうに見られるカタバミも、昼間は黄色い花びらを開いているが夜には閉じ、翌朝には再び開くというサイクルを繰り返している。

こうした日周現象は、ふつう光や温度の変化しない実験的な「恒常条件下」でも継続する。だが、そのとき見られる周期は自然のものとは少し異なり、正確な二四時間からいくぶんかずれている。たとえばマックス・プランク行動生理学研究所のユルゲン・アショフは、自然の周期的影響のない地下壕に人を住まわせて自由に生活させたところ、彼らが約二五時間の周期で寝起きするのを見つけた。この二五時間というのは明らかに地球の自転周期より長く、この事実は、私たちは徹夜はしやすいが早起きは苦手であること、また地球の裏側への移動には西回りの方が楽なことを示唆している。

恒常条件下での二四時間よりずれた周期は、多くの動植物で確認されており、そのような現象に対して「サーカディアン・リズム」という語が充てられている。「サーカ」とは「約」であり、「ディアン」とは「一日の」という意味である。

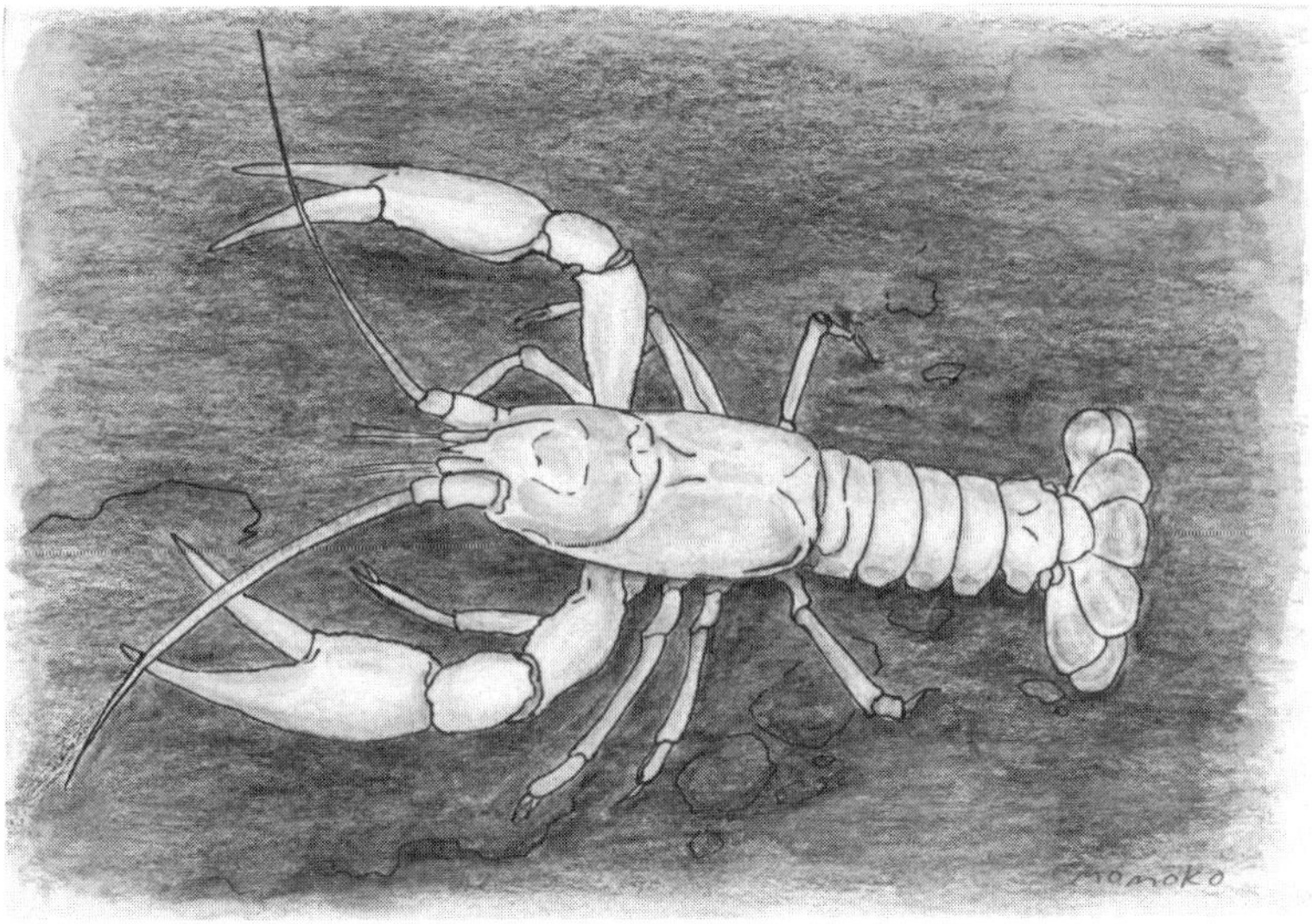

マンモス洞窟に棲む盲目のザリガニ

サーカディアン・リズムは地表に生活するほとんどの生きもので認められている一方、洞窟のように昼夜変化のない環境に暮らすものでは、明瞭なリズムは見られない。アメリカのマンモス洞窟に棲むザリガニやドイツのファルケンシュタイナー洞窟に棲むヨコエビでは、明暗変化のある実験条件下に置いても、その活動は一日中だらだらとしている。こうした生きものも大昔は地表近くで生活し、はっきりしたリズムをもっていたはずである。進化的に長期にわたる暗黒生活が、彼らからリズムを失わせたのだろう。

## 長期暗黒で飼われたハエ

では、どのくらい暗黒生活をすればリズムはなくなるのだろう。この問いに答えようとしたのが、かつて京都大学にいた生態学者の森主一先生である。ショウジョウバエを世代を超えて暗黒下で飼育する実験を一九五四年に開始した。二～四年後の三九～一〇八世代暗黒を経験したハエを調べたところ、彼らは光にやや敏感になっていた。こうした実験では、暗黒バエをいきなり光に当てれば驚くに決まっているので、少なくとも一世代は正常な昼夜環境において、成虫（ハエ）になったら暗がりでテストする。暗黒バエは、暗黒経験のないハエに比べて光に強く反応するようになっていた。だが、これは少し予想外である。暗黒生活をすれば目は使わないので退化的となり、当然光には鈍感になると予想されるからである。森先生の説明によると、生きものは暗黒経験の当初はごく弱い光でも得られるよう、むしろ敏感になるという。

ではリズムはどうだろう。五五年間一三〇〇世代暗黒経験をしたハエを使って、私は活動リズムを調べてみた。結果は意外にも、暗黒バエのリズムは消失もしていなければ、弱まりもしていなかった。この結果を人間に置き換えるなら、人間の一世代は約二五年だから、三万年前に洞窟に閉じ込めたクロマニヨン人を今ここに出して調べたら、私たちと変わらないリズムを示したということになる。リズムとは、それだけ生きものの深いところに根ざしているのだろう。

暗黒バエは、現在六二年目一五〇〇世代に達している。このような長期にわたる実験バエは、世界中どこを探してもない。今後もこのハエが安定的に維持され、どのような変化が起こるか継続的な研究が期待される。

# 私たちのリズム

さて、話を人間に向けよう。私たちの体には、寝起き以外にも様々な現象に周期性が見られる。私たちの正常な体温はふつう三六・五度といわれるが、これを正確に測ってみると一日のなかで約一度ほど変動している。また、アドレナリンのようなホルモンの分泌や、ナトリウムやカリウムの尿中への排出なども日周期的に変動している。

薬物に対する感受性にも日周変動があり、たとえばネズミの腹腔に一定量のアルコール（エタノール）をいろいろな時刻に注射してみると、死亡率は夜八時に最も高く、朝八時に最も低い。つまり彼らは、とりわけ夜にアルコールに敏感なのである。だがこのことは、私たちが夜に酒を飲むのを警告するわけではない。ネズミが夜行性なのに対し、私たちは昼行性だからである。むしろ私たちは朝酒に注意すべきなのである。ある酒好きの友人にこの話をしたところ、彼は「朝酒なら、少しで安く酔えるんだな」と、酒の飲めない私とはまったく逆の見方をした。

私たちの疲労の感覚も日周期的に変動している。スウェーデン国立防衛研究所のヤン・フレバーグは、六三人の兵士の協力を得て三日間連続で徹夜してもらい、三時間ごとに疲労の度合いを記録してもらった。その結果は次頁の図の通りである。疲労は夜間に次第に高まり夜明け前には最も苦しくな

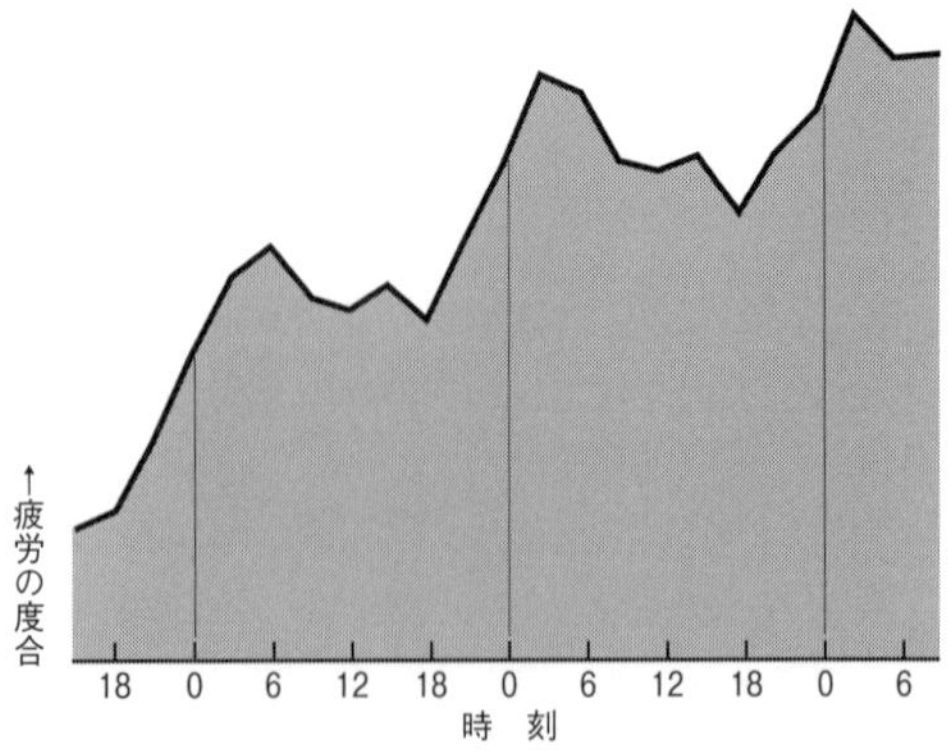


三日間徹夜した人の疲労の感覚（Conroy & Mills 1970より改変）

るが、昼間になると苦痛はかなり軽減される。二日目も三日目もほぼ同様である。この三日間の実験を通じて、疲労の感覚は時間とともに次第に上昇するものの、そこには明らかな日周変動が認められる。午前中に見られる疲労の軽減は、徹夜麻雀をした私にも経験があり、多くの方々にも類似の経験があるのではないかと思う。

「私は朝型」「僕は夜型」というように、体のコンディションのよい時間帯は人によってしばしば異なる。快適なコンディションのときに仕事をすれば、効率はいいだろうし、またいい仕事もできるだろう。私の経験では、疲れて気が進まないのに「今日できることは明日に残すな」などと妙に張り切って書いた文章も、たいてい翌日には書き直しになった。

仕事効率の日周変動についても古くから研究があり、一九五〇年頃にはテレプリンター（電信のためのタイプ打ち）の仕事が夜間に遅いことや、ガス会社のメーターの読み取りの誤りが午前三時に最も多いことなどが報告されている。また、実験的に作業効率を調べた研究もある。シカゴ大学のナサニエル・クレイトマンは、ある被験者に計算やカードの選別をさせたところ、最も素早くかつ誤りの少なかったのは午前一〇時から正午にかけてであった。またこの被験者の体温はこの時間帯に最も高かった。したがって人は、自分の体温の高い時刻を知ることによって、ベスト・コンディションの時刻を知ることができそうである。

## コンディションのコントロール

もう四〇年も昔の大学院生の頃のことだが、私も自分の体のコンディションを調べてみた。まず体温を測定した。正確に測れる基礎体温計を買ってきて、目覚めから就眠までの体温をほぼ連続的に測定した。それによると、目覚め直後の体温は三六・三度と低かったが、起床後は次第に上昇し、昼前には三六・七度になった。昼には一時的にわずかに下がるものの、夕方に向かって次第に上昇し、午後六時には最高の三七・二度に達した。その後は起きているにもかかわらず体温はぐんぐん下がり、就眠直前には三六・二度と早朝のような低い体温となった。夜中の午前三時半に起きて測ったところ、体温は三六・一度と低いままだった。

私の体温は夕方に高かったので、この時間帯が私の体の最良のコンディションのように思われる。そうだとすると、このベスト・コンディションを別の時間に移すことはできるだろうか。そこで、こんなテストを考えた。体のコンディションの指標として、体温、握力、計算速度、軽作業の四通りを測定することにした。体温は先と同様基礎体温計で測り、握力は握力計を使って左右の手を一回ずつ測って平均した。計算速度には、乱数表から取り出した一桁の数字を五〇個並べた紙を作り、左手にストップウォッチをもって、隣り合う二つの数字を順次足していくのに要する時間を測った。軽作業の測定では、小皿の上に置かれた三〇個のビーズ玉を一つづつ細い管を通して小瓶のなかに入れていき、その完了に要する時間を測った。この四種類のテストを朝七時から夜一一時まで二時間ごとに行った。

先の測定から、私のベスト・コンディションは夕方のように思われたので、午前中に重労働をしてみた。幸い私の妻の実家が鉄工所を経営していたので、そこで働かせてもらうことにした。作業はフランジと呼ばれる太いパイプの継手を作るもので、五〇キロから百キログラムほどのドーナッツ型の鉄の塊を大型ドリルの上にセットして、所定の位置に穴を開けるものである。ふだん鉛筆しかもったことのない私にとっては、これはかなりの重労働だった。疲れるのはもとより、とにかく汗をびっしょりかいた。この作業を朝八時から昼の一二時まで行い、例の四種の測定は九時と一一時に挿入した。

労働を始める前の五日間、労働中の一〇日間および労働終了後の二日間の結果は左頁の図の通りである。労働前では、体温は夕方七時に最高で、これは先の測定結果とほぼ一致する。握力、計算速度も夕方にピークがある。軽作業だけはやや平らだが、起床直後や就眠直前では下がっている。全体的に夕方に体温が高く、作業効率はこの時間に最もいい。夕方が私のベスト・コンディションといって

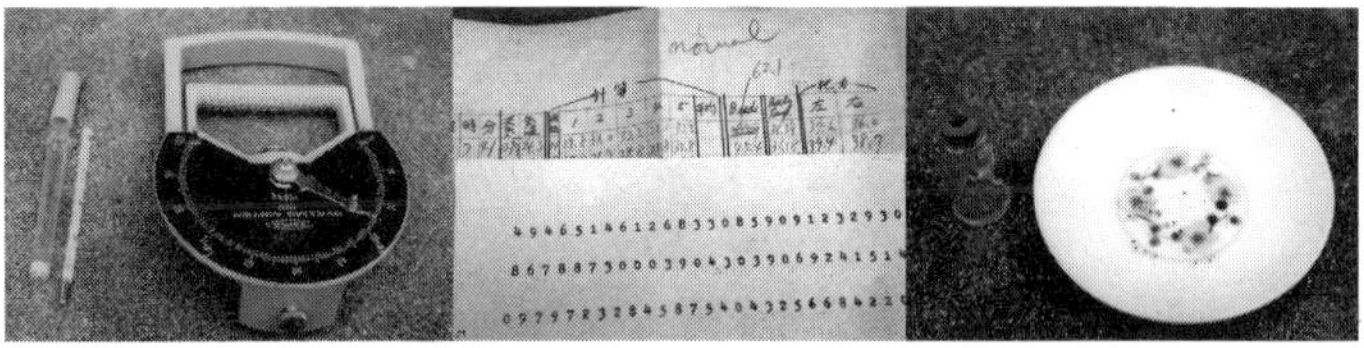

体のコンディションの測定用具．体温計と握力計（左）、計算速度測定用紙（中）、軽作業用具（右）

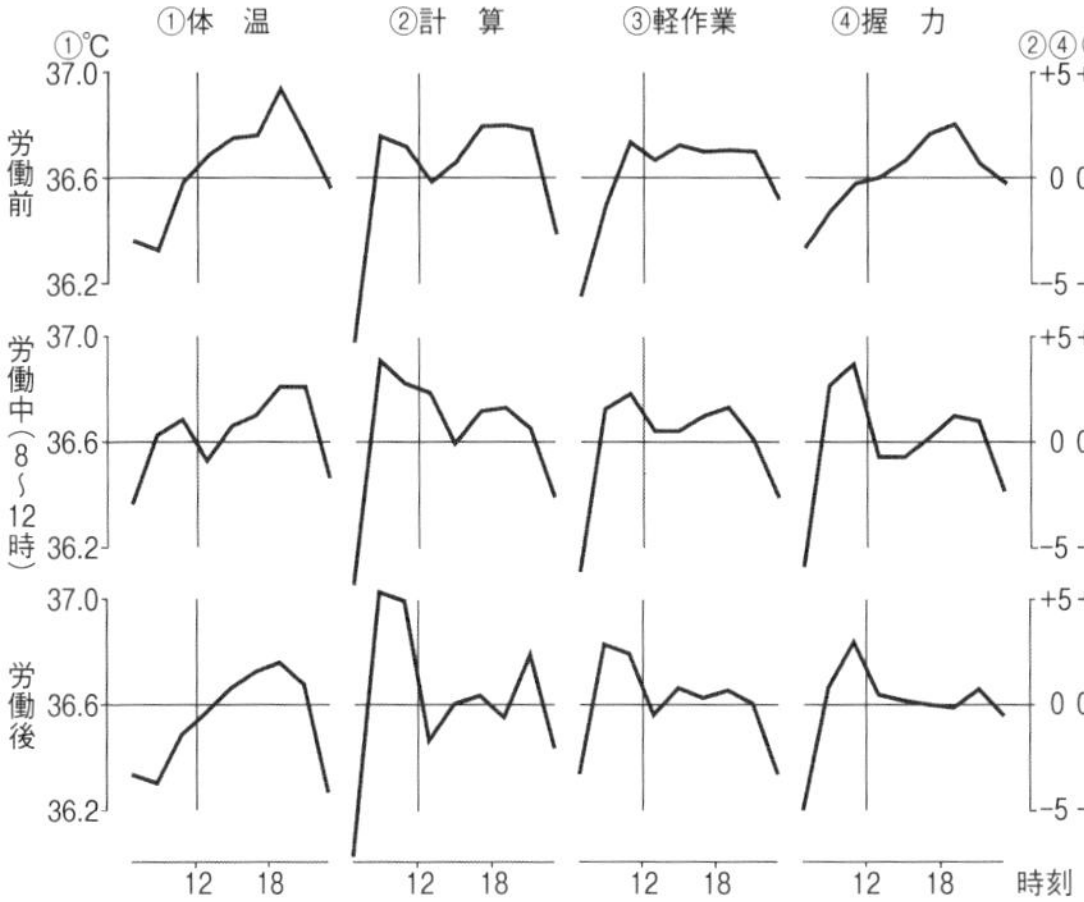


コンディションの測定結果

いいだろう。

労働を開始すると、体温は午前中にも高くなり第二のピークが現れる。握力、計算速度、軽作業いずれも午前中にピークが移っている。労働を止めると、体温はすぐに労働前のいわゆる基本的パターンに戻ってしまったが、その他の測定値はすべて午前中にピークが移動したままである。

この結果から、日常的に体温の高い時間が作業効率のベスト・コンディションであること、そのコンディションは重労働によって異なる時間に移せることが分かる。したがって、午前中に試験を受けなければならない夜型の学生や、夜に演奏をしなければならない朝型のピアニストは、必要な時間帯にマラソンなどの肉体運動を一週間ほど行うことによって、ベスト・コンディションをそこに移せるだろう。

私のベスト・コンディションは重労働によって午前中に移ったが、生活をそれまでのふつうのパターンに戻せば、そのうちそれは夕方に戻るだろう。また、午前中の重労働を何ヶ月も、何年も続ければ、私のコンディションの基本的パターンは朝型になるかもしれない。

## 生活と寿命

私たちのサーカディアン・リズムは、ふつう環境の昼夜変化と同調している。だがこれを乱すと、おそらく体にはあまりよくないだろう。環境と同調した私たちのリズムは、地球の裏側へ旅行したり、徹夜したときなどに一時的に乱される。こうした乱れが長く続くなら、体に負担をかけ、寿命にまで影響するかもしれない。

寿命に関する研究は、その性質上短命の生きものについて行われているが、異常な環境周期の影響についても、昆虫を使った研究がいくつかある。その一つに、スタンフォード大学のコリン・ピッテンドリグが行ったショウジョウバエの実験がある。彼は、一日を、明期と暗期がともに一〇・五時間よりなる二一時間に縮めたり、一三・五時間よりなる二七時間に延ばしたりして、寿命を調べた。その結果によると、一日を縮めた場合には寿命は九%、伸ばした場合には一四%短縮した。

だが、この実験のように一日の長さが変わるというのは、地球の自転速度が変わらない限り、ふつうではあり得ない。むしろ一日の周期は二四時間だが、照明時間が移動するケースの方がよく起こるだろう。ユルゲン・アショフは、照明時間を進めたり遅らせたりしてクロキンバエの寿命への影響を調べた。照明時間を進めるというのは、最初の週は朝六時から夜六時まで照明し、次の週は夜一二時から昼一二時まで照明する、というように一週間ごとに六時間づつ照明時間を前倒しにするものである。このような条件下でのハエの寿命は、照明時間の移動のないハエに比べて二一%短かかった。また同様に、一週間ごとに六時間づつ遅らせた場合には、寿命は二四%縮んだ。さらに照明時間の前進と後退を交互に組み合わせた場合には、二一%の寿命の短縮が確認された。この結果を単純に人間に当てはめると、本来八〇歳まで生きられる人の寿命は、異常な光条件のもとでは六四歳程度ということになる。

## 自然とともに

照明時間をずらすこのタイプの実験は、私たちでいうなら交代制の夜勤に似ている。だが昆虫の実験では、虫たちは照明が突然消えたり点いたりする非常に厳格な条件下に置かれている。また彼らは、ハエになってから死ぬまでずっと異常周期に曝されている。だから、ハエでの実験結果をストレートに私たちに適用することはできない。とはいうものの、それらは、私たちのたび重なる不摂生や極度に乱れた生活サイクルが、寿命に影響しかねないことを示唆している。

私たちは人間として進化する以前から、それこそ生命の誕生以来、数十億年にわたって規則正しい昼と夜の繰り返しの下に置かれてきた。私たちの体は昼夜変化にうまく適応しているはずである。「日の出とともに起き、日没とともに寝る」規則正しい生活パターンが、おそらく私たちの体にとっては最も好ましいものなのだろう。

# 動物の群れ——なぜ動物たちは集まるのか

動物のなかには群れ生活するものや単独生活するものがいる。トラやヒョウは単独生活者であり、ライオンやイルカは群れ生活者である。群れ生活や単独生活にはそれぞれいい点や好ましくない点があるだろう。私たちは群れ生活者である。ここでは動物たちの群れについて目を向けてみよう。

## 数における量と質

小学生の頃「延べ計算」というのを習った。ある長さの垣根を作るのに、一人だと二四日かかる。二人だと何日かかるか、という問題である。答えは二四÷二＝一二（日）である。人数×日数＝仕事量（延べ二四人日）の関係から、人数が三人なら八日、四人なら六日となる。人数が増えると仕事期間は短くなり、一人当たりの仕事量も減る。この例から、人数の量的側面を見ることができる。

では、こんな話はどうだろう。車で山道を走っていた。ところが道の真ん中に大きな石が落ちていて通れない。さいわい車には四人乗っていたので、みんなで力を合わせて五分で石を脇に寄せて先へ進むことができた。だがこのとき、もし運転手一人だけだったらどうだろう。石は重すぎて一人では動かない。五×四＝二〇分かけても、丸一日かけても動かない。結局、道を引き返さざるを得ない。人数の増減は「行くか戻るか」という質的な違いをもたらしている。数の増加によって格段の効果が期待できるなら、それは好ましい。

## 協力して警戒

群れ生活には様々な利点がある。その一つが、警戒性を高めることである。地上で餌をついばむスズメを見てみると、彼らは頻繁に頭を上げている。いかに周囲を警戒しているかが分かる。ロンドン大学キングス・カレッジのブライアン・バートラムは、ケニヤの草原に生息するダチョウで、警戒性と群れの大きさの関係を調べた。ダチョウはしばしば草深くに頭を沈めて草を食べるが、それはライオンなどの捕食者への警戒をおろそかにする。そこで彼らはときに頭を高く上げて周囲を見回す。バートラムは、単独や群れでの彼らの頭を上げている時間を測った。

ダチョウの「ある個体が頭を上げている時間」は、一頭のときには摂食時間の三五％に及んだが、二頭では二一％、三〜四頭の群れでは一五％と、群れの個体数が増えるにしたがって減少した。面白いことに、群れとしての警戒性つまり「少なくとも誰かが頭を上げている時間」は、群れサイズの増加とともに上昇した。ダチョウ一頭のときは先と同じ三五％だが、二頭では三八％、三〜四頭では四二％になった。群れが大きくなると個人の警戒時間が減る一方、群れ全体としての安全性は高まる傾向がある。

では大きな群れは本当に安全だろうか。オックスフォード大学野鳥学研究所のロバート・ケンワードは、キャベツ畑で採餌するモリバトに向かって飼いならしたオオタカを飛ばせて、彼らの反応する距離を測った。ハトが一羽のときにはオオタカがほんの五メートルに接近するまで気づかなかったが、二〜一〇羽の群れでは二三メートル、一一〜五〇羽の群れでは三一メートル、五〇羽以上の群れでは四四メートルの距離で敵を見つけた。群れサイズの増加は、より遠くの敵の発見を可能にする。またオオタカの捕獲成功率は、ハトが一羽のときには七八％と高かったが、二〜一〇羽の群れでは四七％、一一〜五〇羽の群れでは一三％、五〇羽以上の群れでは六％と、群れサイズの増加にしたがって低下した。

こうした観察や実験から、群れの個体数が増えると各個体の警戒に要する時間が減り、したがって各個体の自由時間が増え、しかも群れ全体の安全性が高まることが分かる。

## 利己的な群れ

とりわけ食われる立場にある動物は、捕食者から身を守ろうとする。動物の各個体が身の安全に重きを置くなら必然的に群れができあがることを、行動生態学者のウィリアム・ハミルトンはコンピュータ・シミュレーション（模倣実験）で示した。

池の周囲に点々とカエルがおり、水の中からときに捕食者のヘビが首を出す。では、どのようなカエルが食われるだろう。私がカエルだとしてある地点におり、私の左右には、それぞれ四メートルのところに別のカエルがいるとする。出現するヘビは近くのカエルを捕らえるだろうから、私の目前にヘビが出れば私が食われ、私の右三メートルのところに出れば右のカエルが食われる。私の襲われる範囲は、私と隣のカエルとの中間点より私に近い側になるはずである。つまり私の左右二メートル、合わせて四メートルが私にとっての危険地帯となる。

では危険地帯を小さくするには、どうしたらいいだろう。かりに私が右の個体を跳び越えてその向こう側に移動したとする。そこは狭く、そこでの隣人との距離が左右それぞれ二メートルになったとすると、私の危険地帯は左右それぞれ一メートル、合わせて二メートルとなる。狭いところに移動すれば、危険地帯は縮まる。

このように、それぞれのカエルが隣の個体を跳び越えて、「危険地帯が縮まるときには移動させ、縮まらないときには移動させない」というプログラムでコンピュータを走らせると、急速に大きな群れができあがる。これは、近くに誰かがいれば、自分の食われる確率が下がることを基本とした「利己的な群れ」形成のメカニズムである。

シマウマがライオンに襲われる場合、シマウマ一頭だけならその個体が狙われるが、一〇頭の群れでは、ある個体の狙われる確率は一〇分の一になる。群れサイズの増加にともなう、ある個体の被食確率の低下は、ウミアメンボやミズスマシで実験的に確かめられていて、そのような現象を「希釈効果」といっている。

私たちも単独でいるよりは多数でいるほうが何となく安心する。巷には「赤信号、みんなで渡れば……」という言葉もある。

## 協力による狩り

これまでの話は食われる立場のものだったが、攻撃する側も群れによって効率のいい狩りができるだろう。

ライオンはふつう一～二頭の雄と、多いときには一〇頭近くの雌よりなる群れで暮らしている。シラキュース大学のトーマス・キャラコらは、ライオンの群れサイズと獲物の捕獲率の関係を調べた。シマウマやヌーを狩る場合の捕獲率は、単独では一五％なのに対し、二頭では三五％、四頭では三七％、八頭では四三％だった。多数での狩りは捕獲率を上げる。そこでは「追っ手」と「待ち伏せ」といった分担が可能となるからだろう。

だが群れによる高い捕獲率は、必ずしも一頭当たりの取り分を増加させない。分配が生じるからである。個体当たりの獲物獲得量は、ライオン三頭以上の群れでは、二頭の群れより少ない。しかし大きな群れではハイエナなどによる横取りを抑えることができるので、こうした生態的要因も考慮すると、ライオンの群れはそれなりにうまくやっているようである。

群れによる狩りは魚類でも見られる。マイワシを捕らえる大型のロウニンアジの狩りでは、一個体一時間当たりの取り分は、単独では七尾だったが、三個体や五個体の群れではどちらも一三尾と、単独より群れの方がよかった。だがこの魚の狩りでは、群れのなかの位置が問題となる。獲物獲得数は先頭の個体が四一尾なのに対し、二〜三番目は一〇尾、四〜五番目は一尾だった。単純に考えれば四〜五番目の個体は群れを離れて単独の狩りをすべきである。だが群れ内での順番が適宜入れ代わっていれば、構成員それぞれがうまくやっていることになるだろう。

左頁の下にある絵は、米国海洋水産試験場が撮影したクロマグロの群れの写真をもとに描いたものである。彼らは見事に放物線状に配列している。放物線のかたちをした鏡（放物面鏡）は前方からの

▲体長 1.8m にもなる肉食性のロウニンアジ

上空から見たクロマグロの群れ▼

光を一点に集める特性がある。だから、このように並んだマグロが前進すると、獲物を一点に集めることができる。こうして集めた獲物を襲うのは、効率のいいやり方である。

だが、彼らがこのように配列するのは至難のように思われる。各個体は群れのなかの位置によって、隣との位置関係を微妙に調整しなければならない。これにはおそらく経験が関与しているだろう。彼らは最初は横に並んでいたが、しだいに中央をくぼませる方が効率のよいことを学び、そして最終的にこの形になったのだろう。

群れによる狩りは数の寄せ集めだけではなく、特定の構造をとったり役割分担をすることによって、さらに効率を上げているだろう。

## 情報センター

複数個体がともに暮らす群れでは、構成員は仲間から好ましい情報を得るかもしれない。鳥はしばしば群れて夜を過ごすが、それは「集団ねぐら」と呼ばれる。そこには昼間に豊富な餌場を見つけて満足したものもいれば、貧弱な餌場で不満のものもいるだろう。翌日彼らはどうするだろう。満足者は意気揚々と昨日の餌場に向かうかもしれない。問題は不満者である。彼らは満足者の後について行くかもしれない。そうすればいい餌場で採餌できるだろう。そうだとすると「集団ねぐら」は「情報センター」の機能を果たしていると言えなくもない。英国ブリストル大学のピーター・デ・フロートは、スズメほどの小さいコウヨウチョウを使って、このことを実験的に調べた。

大型のケージ（表のケージ）に四つの小部屋を取り付け、その一つにのみ餌を入れる。ただ各小部屋は一度入ると裏のケージにしか出られないよう仕掛けがしてある。一二羽の鳥を六羽づつのAとBのグループに分け、Aにのみ餌のある小部屋（たとえば三番の小部屋）を教える。効率よく覚えるよう、最初の一日目は餌のない小部屋の入口を塞いでおく。翌日からは蓋はとる。また教える期間中は何度でも好きな小部屋に入れるよう、裏から表のケージへ戻る仕切りドアを開けておく。こうして自由に行動させると、一週間ほどでAの六羽すべてが三番の小部屋に入るようになる。

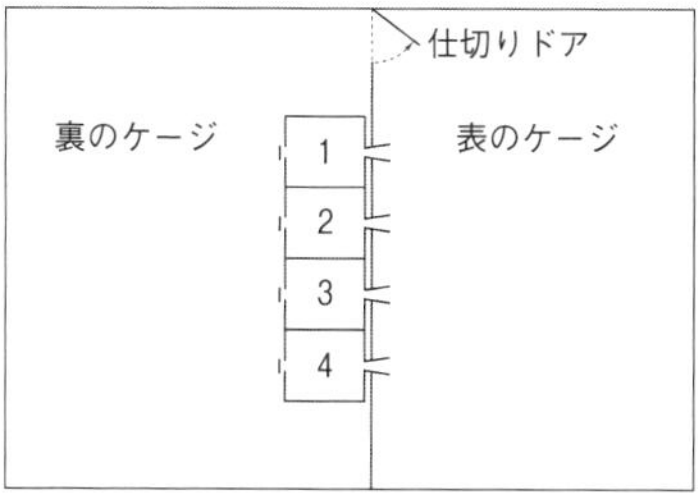

鳥の情報交換を調べるための実験用のケージ

さて本実験である。実験前日の夜には、裏と表のケージをつなぐ仕切りドアを閉め（鳥は小部屋に一回しか入れない）、餌場を知っているAと知らないBの一二羽をまとめて表のケージに入れる。翌朝の彼らの行動を見る。当然Aは三番の小部屋に向かうだろうが、何も知らないBがどうするかである。結果は明瞭で、Bのほとんどが三番の小部屋に入った。

なぜBに三番の小部屋が分かったのだろう。Aが夜中にBに教えたのかもしれない。そこで同様の設定で再実験するが、今回は実験当日の朝一番にAを除去してみた。もしAが夜中に何かを伝えていたら、残されたBはそれでも正しく行動するだろう。だが実際にはそうならなかった。Bが情報を得るためには、活動時にAが存在する必要がある。では、BはAの何を見たのだろう。飛翔速度や姿勢あるいは、ちょっとした行動の違いかもしれない。現在のところ、その要因は分かっていない。

この状況では、Aが積極的にBに教えているとは思われない。むしろBがAの様子から情報を盗んでいるのだろう。いずれにせよ集団で暮らす動物は、仲間から適切な情報を得ている例である。

## もちつもたれつ

群れて生活する動物では、しばしば仲間同士の助け合いが見られる。ライオンの群れの雌たちは同調的に出産するが、それらの間では互いの子への授乳が観察されている。こうした習性は、とりわけ母親を亡くした子には大きな意味をもつ。共同保育はコウモリやプレイリードッグ（リスの仲間）などでも知られている。これらの群れでは、ふつう雌同士に血縁があるので、仲間の子の生存は授乳する雌にとっても利益がある。

ところがこのほど、非血縁の子の面倒を見る行動がイルカの仲間で報告された。伊豆の海域に棲む

母親を失った子とともに泳ぐイルカの若い雌

ハンドウイルカを長年調査してきた近畿大学の酒井真衣さんらの発見である。利他的に振舞ったのは若い未経産の雌で、網にかかって死亡した雌の子に授乳したり、母親が本来とるような安全な位置にその子を泳がせていた。この若い雌と子の母親は、遺伝的解析からとくに血縁はなく、遊泳時の位置関係からもとくに親しい間柄ではなかった。ではなぜ、この若い雌は親しくもない他人の子の面倒を見たのだろう。酒井さんらは、若い雌が積極的に不幸な子に手を差し伸べたわけではないが、子の方から近づいて来たので、とくにそれを拒絶しなかったためだろうと推定している。

イルカを含むクジラの仲間では、授乳以外にも利他行動が知られている。群れのある個体が負傷すると、仲間は付き添ったり、体を支えて呼吸を助けたりする。あるイルカが捕鯨船の銛に打たれたときには、仲間が犠牲者を船から遠ざけようとし、船を攻撃したりロープに噛みついたりした。また飼育下でのイルカの出産では、仲間が雌の両脇と下をガードし、血の匂いで接近したサメを追い払った。

イルカの仲間はしばしば異種を含む混群を作る。そこでは異種間での助け合いもある。さらに溺れたヒトを助けたという話もあちこちにある。ギリシア時代の貨幣には、ヒトを救うイルカをデザインしたものさえある。

イルカの仲間は、なぜこのように利他的なのだろう。長年クジラを研究してきたカリフォルニア大学のケニス・ノリスは、まずイルカは食われる弱い立場にあり、したがって互いの協力が不可欠だったからだという。外洋の観察では、イルカの周辺に頻繁にサメが見られ、六%の個体の体表にサメの噛み跡があった。またサメの胃からはイルカの体の一部がよく出てくる。こうした状況での敵の監視やその防衛には、仲間をとくに同種に限定する必要はない。また互いのコミュニケーションは重要で、それは知能を発達させただろう。実際彼らは賢く、芸を教えればそれをよく覚え、調教師が新しい芸を教え込もうと試みると彼らは状況を理解し、これまでにしたことのない様々な行動で対応する。こうした「弱い立場」と「賢い習性」が、彼らを「仲間思い」にしたという。

## よりよき群れへ

私たちは、一対一でライオンやクマに勝てるほど強い生きものではない。しかし知恵はある。ある面ではイルカに似ている。私たちは仲間思いだろうか。

群れには、「協力」や「もちつもたれつ」といったプラス面もあるが、資源の「不公平な分配」、それにもとづく「軋轢」といったマイナス面もある。マイナス面をうまく押さえ込む群れには、快適な生活が約束されるだろう。

## チョウの美しさ——雌は美しい雄を好むか

世の中に美しい生きものは多い。色とりどりの花、クジャク、グッピー、モルフォチョウ……。そうした美しさは当然、私たちを楽しませるためにあるわけではない。彼らの都合によって、そうなっているはずである。では、どんな都合なのだろう。動物の場合、ふつう美しいのは雄の方である。この現象については、雌には美的センスがあって美しい雄を好むから雄が美しくなった、という考えがある。本当にそうだろうか。私は子どものころからチョウが好きだったので、これに疑問をもった。ここではチョウの雌の好みに関する話を紹介しよう。

# 樹の上のチョウ

中学入学時の健康診断で、私の目は「結膜炎」と診断された。当時東京の国立に住んでいた私は、同病のN君とともに授業を抜け出し、隣の立川市の総合病院に通った。治療は目を洗う簡単なものだったが、それでも暗い病院から明るい外へ出たときは嬉しかった。玄関前の池を覗いたり、カラタチの生け垣でアゲハチョウの幼虫を探したりした。

樹液の虫たち

学校に近づくにつれて次第に足が遅くなった。とにかく公認で外出しているので、すぐには戻りたくなかった。国立には当時、雑木林がたくさんあった。カブトムシでも探そうとクヌギを見て回ったが、樹液は出ていなかった。常套手段として虫の落下を期待して木を揺すったが、何も落ちてこなかった。樹上を見上げると小さなオ

アカシジミ（左）とウラナミアカシジミ（右）

レンジ色のものが舞っていた。「何だろう」。「あっちに行った」。止まった樹を揺すると、「向こうに回った」といった調子で眺めていた。

この出来事は非常に印象的だった。その日、家に帰るとすぐに近くの雑木林に行き、同じように木を揺すった。しかし何も見つからなかった。やむなく雑木林を出ようと近くのクリの樹を見上げると、その花にオレンジ色のものが止まっていた。手が届きそうなくらいだった。

翌日さっそくN君にこれを報告した。「オレンジ色の翅に白い筋があって……」と説明したが、彼は「そんなのは違う」と認めなかった。「こんな近くで見たんだから」といっても、黒板に絵を描いてもダメだった。結局、二人は昼休みに図書室へ行くことになった。

図鑑を開いて二人はびっくりした。開かれた両頁には小さなシジミチョウがたくさん載っていた。オレンジ色はもとより、青、緑、白、そして点々のあるものや筋のあるものが並んでいた。結局二人とも正しかった。N君のいう前日二人で見たのは、翅の裏に黒い点々のある「ウラナミアカシジミ」で、私が一人で見たのは白い筋のある「アカシジミ」だった。

それから一週間もしないうちに、私たちは幾種類かのチョウを手にしていた。そのうちN君が「ミドリシジミが捕れた」と報告してきた。さっそく網を持って彼に従った。暗い雑木林の隙間から長い竿の網で枝を叩くと、逃げ回る黒いものを見つけた。しかし樹の陰でどこに止まったか分からない。幾度か枝を叩いているうちに、やっと一匹を網のなかに入れるのに成功した。長い竿を倒して近づくと、網のなかで黒いものが動き回っていた。だがとても緑色には見えない。ところが光の加減だろうか、羽ばたいた翅が一瞬キラッと緑に光った。深い緑だった。「ミドリシジミって、こんな色なんだ」。図鑑で見た色とは違って、はるかに美しかった。後になって分かるのだが、その色はモンシロチョウやアゲハチョウのように色素によって作られているのではなく、クチクラの微細構造によって作られる構造色なのである。構造色はとりわけ強い光を特定の方向に放つ。

## ダーウィンの性淘汰説

それから二〇年、私は動物行動学を知った。動物行動学は私の師、日高敏隆先生がわが国に定着させた学問である。それは動物の色彩の意味をも、その範疇に置いていた。ミドリシジミの雄は、前後翅ともに全面が緑に輝く。これに対し雌は、前翅にのみ青や赤の斑紋をもつこともあるが、基本的には焦げ茶色である。明らかに雄の方が美しく派手である。このように形や色などが雌雄で異なる現象を「性的二型」といっている。これに対しアカシジミやウラナミアカシジミのように、雌雄で翅の色彩パターンがほぼ同じ場合を、「性的一型」といっている。

動物には、なぜ性的一型や二型の種がいるのだろう。二型の種の場合、通常美しいのは雄である。これはチョウに限ったことではなく、クジャクであれグッピーであれ雄の方が目立つ色をしている。こうした性的二型については、もともと雌雄同型だったものが、何らかの理由で雄のみが特殊化して美しくなったと考えられている。では何が雄を美しくしたのだろう。それは雌が美しい雄を好むからだ、と考えたのは進化論で有名なチャールズ・ダーウィンである。

ダーウィンは一八五九年に「種の起源」を著し、そのなかで自然淘汰説を提唱した。生きものの形や性質（形質）に、生存にとって都合にいいものと悪いものがあるなら、前者をもつものはよりよく生き残って子を作り、その結果、都合のいい形質が巷に広まることになる。だから生きものは生存に都合よくできているはずである。

ところが生きもののなかには、ときに生存に不都合と思われるものがある。たとえばミドリシジミの雄の輝きが、そうだろう。およそチョウなどという小型の動物は食われる立場にある。それなら彼らは被食を免れるべく、隠蔽的な色をしているべきである。では、なぜミドリシジミの雄はあのように目立つのか。これはどう見ても自然淘汰では説明できない。そこで、このような現象に対してダーウィンは「性淘汰」の考えに至った。つまり、雌が美的センスをもっていて、それゆえ美しい雄を好むなら、彼女らは美しい雄と交配することになり、その結果、美しい息子を生むことになる。こうして雄の翅は美しくなるという理屈である。

ダーウィンは、「種の起源」から一二年後の一八七一年に、「人間の由来と性に関する淘汰」と題する本を発表し、その一一章をチョウやガの仲間である「鱗翅目」に充てている。そのなかで彼は「雌を熱心に探すのは雄だから、雌は多かれ少なかれより美しい雄を好み、その結果雄はその美しさを獲得した、と考えるべきだ」とか、その数行下では「一匹の雌を多数の雄が追うのを見ると、交配が盲目的な偶然に委ねられていて、雌が何の選り好みもせず、雄を飾り立てている派手な装飾に影響されないとは、とても思えない」と述べている。また別の箇所では「鱗翅目に美しい色彩を愛でる心的能力があるとしても、あり得ない話ではない」とも述べている。

## 繊細なチョウ

では、雌は本当に美しい雄を好むだろうか。こうした問いには、色彩が性的二型のミドリシジミや一型のアカシジミを含む「ミドリシジミの仲間」を調べるのが、よさそうである。ダーウィンによれば、性的二型の種の雌は美しい雄を選ぶという。ミドリシジミの雄の翅はキラキラとグリーンに輝き、いかにも雌はそれに魅了されそうである。では性的一型の種の雌はどうだろう。彼女らは雄の色には無関心なのだろうか。あるいは自分と同じ色を好むがゆえに、雄は特殊化しないのだろうか。

ミドリシジミの仲間は、色彩という点からは大変興味深いグループなのだが、行動学的には大きな弱点がある。雌の好みを知るのには、彼らの配偶行動を見なければならない。しかし彼らは樹上性であり、その行動が観察しにくい。それなら捕まえてケージのなかで観察すればいいだろう、と思うかもしれない。ところが、これがうまくいかない。彼らは捕獲下ではほとんど自然の行動をしない。雌雄が接触しやすいように小型の容器に入れても、自由に飛びまわれる大型ケージに放しても、自然な配偶行動は見られない。あるときは、塩ビのパイプで二メートル四方の組み立て式ケージを作って、ミドリシジミが多数生息する茨城県の龍ヶ崎まで運んで試みたが、うまくいかなかった。彼らはケージの隅に集まるばかりで、隣に未交尾の雌がいようが、雄はまったく知らん顔である。

これに対し、外の個体は実に自然だった。雄同士が出会うと、互いに追い合うような「卍巴《まんじどもえ》飛翔」と呼ばれる円を描く飛翔をし、雌らしきものが出現すると雄たちは一斉にそれを追う。彼らの配偶行動を見るのには、自然条件下で何とか観察できるよう工夫する必要がある。

こうした模索的試行をするなか、もっと身近なチョウについても試みをしていた。京都大学動物学教室の建物のすぐ南側には小さな草地があり、そこには多数のヤマトシジミが飛んでいた。ヤマトシジミは、シジミチョウのなかでは最もふつうに見られる種で、性的二型である。翅の表は雄は明るい青だが雌はほとんど真っ黒で、翅の裏はどちらも白地に黒い点々がある。この種で配偶行動が見られないか、やってみることにした。配偶行動の観察には未交尾の雌が必要である。雌は一度交尾すると性的関心を失うからである。野外のほとんどの雌はすでに交尾しているので、未交尾の雌は卵から育てる必要がある。

## 誘惑する雌

こうして育てた雌を、雄のよく飛び回る草の上に置いてみた。雄はときには雌を見つけて傍に止まり、翅を振るわせて求愛し、交尾することもあったが、草地を飛ぶ雄は意外と雌を発見できなかった。そんなとき、雌は上空を通過する雄に向かって絡みつくように飛び立った。こうすると雄はすぐに気

吸蜜中の雌に求愛するヤマトシジミの雄

づいて雌を追い、止まった雌に求愛した。この雌の行動は意外だった。交配に積極的なのは雄であり、雌は常に受身だと思っていたからである。ところが雌も結構積極的なのである。この雌の行動は他の種でも報告されており、「誘惑（solicit）行動」と呼ばれている。この行動を使えば、雌の好みを暴けそうである。雄の翅と雌の翅で二つの模型（モデル）を作って、未交尾の雌の前に同時に提示して、どちらに行きたがるか調べればいいだろう。雄のモデルの方に行けば、雌は雄の色に惹かれたといえそうである。

まずモデルを作成した。薄いプラスチック板の片面に雄の翅の表を貼り、その裏面に翅の裏を貼る。これを翅の縁に沿って切り抜き、中央には黒く塗った爪楊枝を接着する。同様にして雌のモデルも作る。雌雄両モデルは、それぞれ二本のアルミニウム管の先に差し込んで小型のモーターで回す。

こう書くと簡単に思われるかもしれないが、これが結構複雑なのである。まずモーターの回転速度を、自然のチョウの羽ばたき速度に合わせる必要がある。これにはラジオ用のボリュームを使って、モーターに流れる電流を調節するのだが、ボリュームをそのまま使うと焼けてしまう。モーターは結構電流を食うのである。そこで一段トランジスタを噛ませる必要がある。またモーターの始動時には、一時的に大きな電流を流さなければならない。自動車の発進時にアクセルを大きく踏み込むのと同じである。そこで、まずボリュームを大きく回し、モーターが回り始めた瞬間に、グッと適切な位置まで戻してやる。この辺りの調節は微妙である。そこで回路にコンデンサーという小型部品を一つ入れると、それがこの微妙な作業をやってくれる。この辺りの手法には、私が子どものころにラジオを組み立てて遊んだ経験が生かされている。当時は、今では見られない真空管のものだったが、基本的な理屈は生きている。

## 雌に美的センスはあるか

さて、作成した装置によって雌の好みを調べるのだが、まず小型容器に入れた未交尾雌をヤマトシジミの多く生息する草地にもって行く。そのような場所でないと、放された雌はすぐどこかへ飛び去ってしまう。実験に先立って最初にやるべきことは、そこで飛び回っているヤマトシジミをすべて除去

雌の好みを調べる実験装置

することである。これをしないと、彼らは実験の邪魔をする。こうして捕らえたチョウは、実験終了後に少し離れた生息地に放してやる。チョウの除去に続いて、もって来た雌を、幼虫の食草であるカタバミの上ないしその脇にそっと置く。うまくやればほとんど逃げることはない。雌はたいてい翅を開いて日光浴をしたり、わりと静かにしている。手早く雄雌のモデルを雌の面前三〇センチほどの左右にセットする。置かれた雌が日光浴を終えて翅を閉じたり、置かれた環境に慣れたと思われるころにモデルを回す。雌は飛び立つこともあるが、まったく動かないこともある。飛び立った雌は、多くの場合モデルにやってくる。行き先は雄のモデルのこともあれば、雌のモデルのこともある。だがよく見ると、雌より雄のモデルの近くで長めに飛び回っているようである。

微妙な滞在時間を正確に測るため、実験終了後に録画したビデオをテレビの画面上で解析する。透明な下敷きに描かれた直径一〇センチの円の中心を、モデルの像の中心に合わせ、雌がその円のなかにいるコマ数を数える。雄のモデルの円のなかと、雌のモデルの円のなかのどちらに長く滞在するかを比べる。結果は明瞭で、雄のモデルに長時間滞在していた。

かくしてヤマトシジミの雌は、雄の翅の色を好むと結論できそうである。しかし問題もある。雄の青い翅と雌の黒い翅とでは、明るさが違う。だから雌は、青い色を好んでいるのではなく、単に明るい方を選んでいるだけなのかもしれない。これには、雌の翅の代わりにもっと明るい、たとえばキチョウの黄色い翅などを使って、雄の翅と比べればいいだろう。またダーウィンがいうように、雄の翅の色が雌の色から次第に進化していったと考えるなら、雌は、雌の翅に近い暗い青より、現在の雄の翅のような明るい青を選ぶはずである。

現在はこうした実験をぽつぽつと進めている。「雌は美しい雄を好むか」というごく単純な問いかけにも、あれこれと多くの作業が必要である。こうした作業は「手間がかかり、やっかいだ」と思う人もいるかもしれないが、私は「こうしたら、どうなるだろう」と、結構楽しんでやっている。

# 生物の多様性——生きものたちの様々な工夫

この地球上の生きものたちは、その環境のなかで生きていくために様々な工夫をしている。彼らにとって基本的なことは、「栄養を得ること」であり、「身を守ること」であり、また「繁殖すること」である。そしてそのやり方は種によって様々である。ここではこれらについて、いくぶん変わったものを紹介しよう。

## ホタルの裏の世界

ホタルは、日没後の暗がりを独特の光を点滅させながら飛び回り、その幻想的な姿から、わが国では初夏の風物詩となっている。飛び回っている個体はふつう雄で、その発光パターンは種に特有であ

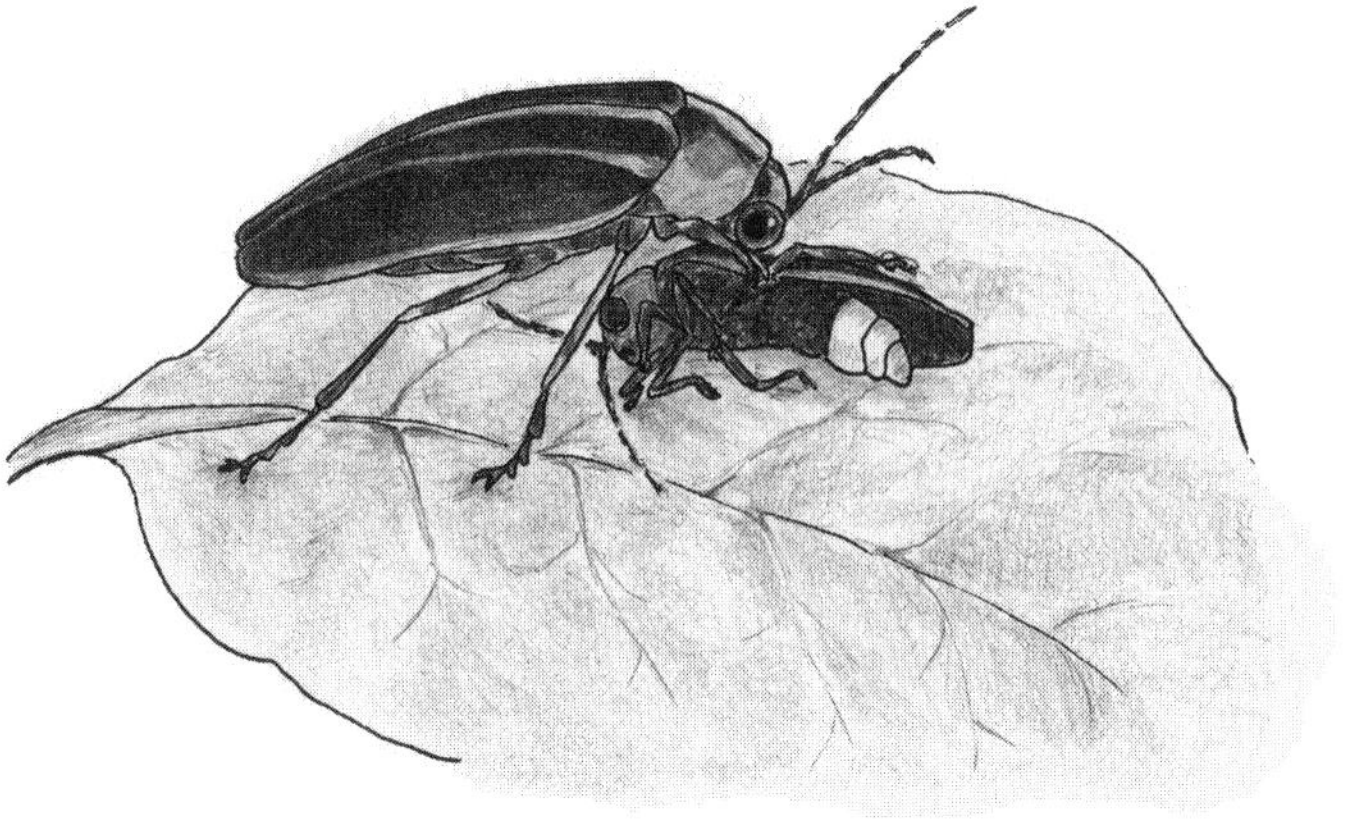
異種の雄を食べるホタルの雌

る。またそれは雌への呼びかけでもある。雌はふつう水辺や下草などに止まっていて、雄の呼びかけに種に特有なパターンで光って答える。こうした交信を繰り返しながら雄は次第に雌に近づき、最終的には傍に止まって交尾へと移行する。

こうした平和的なホタルの世界にも、ときに予想もしないような事件が起きることがある。北米に生息するホタルでは、大型の雌のホタルが別の小型種の雄のホタルを捕えて食べるのが見つかっている。どうしてこのようなことが起こるのだろう。米国フロリダ大学のジェイムズ・ロイドが調べてみた。

こうした調査には、まず雌を見つける必要がある。だがホタルの雌は非常に見つけにくい。そこでロイドはペンライトで、飛び回っている雄の発光パターンを模倣して、これに答える雌を探した。このような手法でも見つかる雌は二時間に一匹いるかいないかである。こうして見つけた雌は、その種の雌のこともあったが、ときに別種の雌のこともあった。つまり後者の雌は、種が違うにもかかわらず前者の雄の呼びかけに答えたのである。引き続く観察から、そのような雌はそこにやって来る別種の雄を捕食していることが分かった。

ある種（Aと呼ぶことにする）の雄は、短い〇・一五秒の光のパルスを二秒の間をおいて二回発信し、雌はこれに短い一回のパルスで答える。またBの雄は、比較的長い〇・五秒の一回の発光で雌を探しているが、その雌は比較的長い〇・六秒の強い光の後に弱い長めの尾を引く一回の発光で答える。これに対し、捕食性の大型種Zの雌は、Aの雄の呼びかけに対してはAの雌のような短いパルスで答え、Bの雄の呼びかけに対してはBの雌の長い発光パターンで答えた。答を受けた雄は、当然発信源へ向かうことになる。そして、そこへ誘引された雄は突然大型雌に飛びかかられることになる。Zの雌によるこうした信号の模倣は、複数種の相手に対しても可能で、ある雌は最大三種の他の種のホタルの信号を模倣していた。

ただ騙される側もまったく無抵抗ではなく、交信中に不信を感じてか飛び去るものや、ひとたび捕まっても力ずくで逃れるものもいた。被捕食率はAで九％、Bで二〇％だった。

ではZの雌雄の間では、どのような交信をしているのだろう。Zの雄は一回の発光を細かい三つの瞬きとして発信している。このような瞬き信号をキャッチした雌は、相手に襲いかかることはせず、淑やかに振舞っているのだろう。

結局のところ、Zの雌は他の種の雌雄がコミュニケーションとして使う手段を盗用して、効率よく獲物を得ているのである。

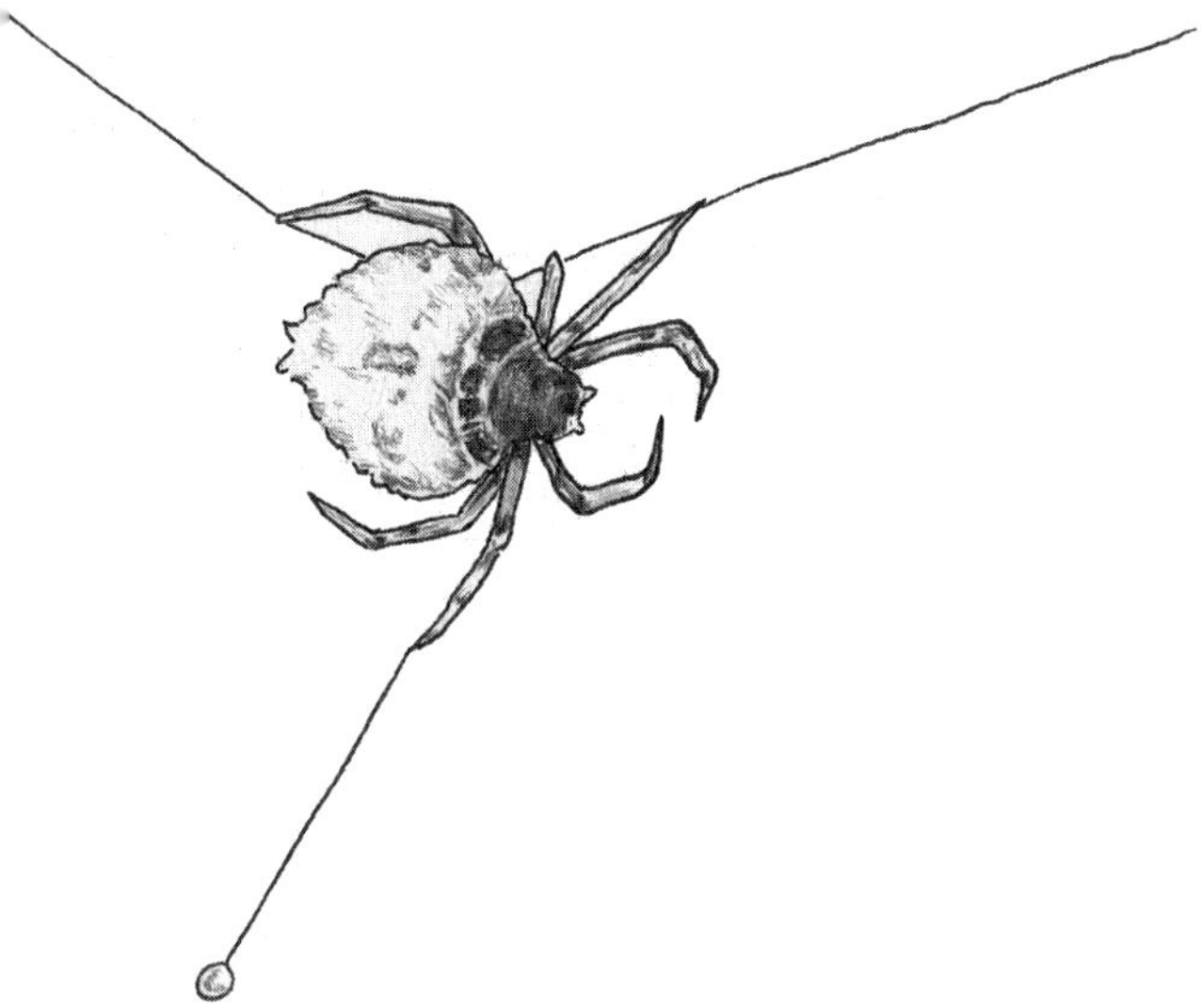

獲物に向けて粘球を振り回すナゲナワグモ

## 犠牲となる雄

似たような現象はクモでも見つかっている。クモのなかには、網を張って獲物を捕らえるオニグモやジョロウグモ、網を張らずに机の上や壁などを這い回って獲物に直接飛びかかるハエトリグモなどが知られている。少々変わったものとしてナゲナワグモがいる。この稀なクモは、粘着性の球（粘球）を糸の先に付けて振り回して獲物を捕らえている。

このクモの行動を最初に記載したのは博物学者のチャールズ・ハッチンソンで、もう一〇〇年以上も前のことである。このクモは夜になると木の枝先に出て来て、ひたすら獲物を待つ。やがてガがやって来ると、それに向かって投げ縄を振り回す。ガは飛び去ることもあるが、首尾よく粘球が翅などに当たると捕らえられてしまう。

だがこのクモの捕獲効率は、それほどいいとは思われない。ナゲナワグモの使う投げ縄の長さは高々数センチメートルである。この広い自然のなかを自由に飛び回るガが、ほんの数センチの縄に衝突する確率はきわめて低いはずである。そこでハッチンソンは、このクモはガの好む花を咲かせる木に棲んでいるのだろう、と推測した。

それから八〇年、コロンビアのヴァレ大学のウィリアム・エバーハードがこの問題に挑戦した。まず広い草地の上にこのクモを置いて、ガがどのようにやって来るか観察した。もちろん夜の観察である。ガは風下からやって来、一〇メートル手前では大きな弧を描いたが、さらに近づくと弧は小さくなった。こうしたガの行動は、彼らが匂いを頼りにクモに近づいていることを示唆している。

では匂いだとすると、どのような物質だろう。それは、捕らえられたガを調べれば分かるかもしれない。このクモは捕らえたガの食べかすを落とすので、エバーハードはクモのよく出現する枝先の下に夕刻にトラップを仕掛け、翌朝調べてみた。すると犠牲者はヨトウガの仲間の特定の種に限られ、しかもすべて雄だった。

このことは誘引物質が、このガがコミュニケーションとして使う性フェロモンの可能性を示唆している。その後の化学分析から、このクモが犠牲となるガの性フェロモンを生産していることが実証された。

ここに挙げたクモも先ほどのホタルも、雌雄のコミュニケーションである情報が捕食者に盗用されて雄のみが犠牲になっていた。これは配偶に関して雄の方が積極的なことと関係している。襲われる側の立場からすると、安全に重きを置く雄は、雌の反応に慎重で子孫を残しにくい。したがって慎重な習性は後世には残りにくい。これに対し、危険を冒してでも雌に積極的な雄は、その一部が犠牲になろうとも、残った者が子孫を残す。こうして積極的な習性は後世に伝えられる。多少の危険があろうとも果敢に振舞う雄の習性は、ホタルやクモに限らず、動物一般の傾向でもある。

## 姿を隠す

獲物を捕らえることと同様、捕食者から身を守ることも動物たちにとって大切である。それはとりわけ小型の動物にとって重要で、そこには様々な工夫が見られる。

ごく日常的で意外と知られていないものに魚の体色がある。サンマやサバ、イワシなどはよく食卓に出現するが、それらはほとんど同じ色彩パターンをしている。背中は濃い青で、腹側は明るい白である。

通常これらの魚が生息する海は深く、底は暗い。そこで自然界にいる彼らを上空ないし上層から見ると、その背中が黒っぽいため底の暗さと相まって見えにくい。一方、通常の浮遊物体は深みから見上げると、空の明るさによって黒い影として浮かび上がる。しかしイワシやサンマは、腹や体側が白いため底から見上げても見えにくい。上方からの光が体側で下方へ反射され、その影を弱める効果をもつからである。このような色彩パターンの魚は、サンゴ礁のようなカラフルな世界ではあまり見られず、とりわけ外洋ではふつうである。

通常の物体は、上からの光で、上方が明るく下方が暗い。これに対してイワシやサンマの色彩は逆である。そこで、こうした現象を「逆影（counter shading）」といっている。逆影は、空を滑空するムササビやモモンガなどにも当てはまるようである。次に食卓に魚が出たときには、ぜひこの話を思い出してほしい。

## 相手を騙す

被食回避のために「姿を隠す」のは一つのやり方だが、別の方法として食べられないものに似るというやり方もある。これは「偽装」と呼ばれている。よく知られた例にシャクトリムシがある。これはシャクガと呼ばれるガの仲間の幼虫なのだが、木の枝にそっくりな形や色をしている。しかもほとんど動かない。俗に「土瓶割り」ともいわれている。人が枝と間違えて土瓶を掛けて割ってしまったことがあるからだろう。

鳥の糞に擬態するアゲハチョウの弱齢幼虫

偽装の例としては他にアゲハチョウの幼虫もある。これはよく見かけるので、ご存知の方も多いと思う。カラタチなどにつくアゲハチョウの仲間の幼虫は、小さいころには鳥の糞にそっくりである。だが、こうした偽装が本当に効果をもっているか否かは不明である。私たちには鳥の糞に見えていても、幼虫の捕食者である鳥たちには、本当に異物に見えているのだろうか。

このような現象はこれまではいわゆる「お話し」の域を出なかったが、ごく最近になって実験的な検証がなされるようになってきた。かつて私たちの研究室にいた櫻井麗華さんと総合研究大学院大学の鈴木俊貴さんは、ガの幼虫の偽装の効果を実験的に検討した。

あるヨトウガの幼虫は白と黒の混じったいかにも鳥の糞のような姿をしている。しかもその休息時には、本当の糞のように身体を曲げている。そこで、小麦粉やラード、着色料などを使って、鳥の糞のように曲げた幼虫と真っ直ぐな幼虫を作り、野外の鳥が多くいるところに仕掛けて、どのように食われるか調べた。また、糞に偽装しないグリーンの幼虫も作った。

曲がった幼虫と真っ直ぐの幼虫を一組として、サクラの樹の枝に五〇センチメートルほど離してセットし、そのようなセットを二〇〇本を越える樹に作った。早朝に仕掛けをして、鳥の活動が下がる七時間後に被食状況を調べたところ、糞そっくりの曲がった幼虫は多く残っていたが、真っ直ぐな幼虫はかなり食われていた。またグリーンの幼虫は、形に関係なく同じように襲われていた。こうした結果から、糞にそっくりな外観を呈する幼虫は明らかに鳥からの捕食を免れていることが分かる。

一見、「本当かなあ」と思うような現象も、こうしてきちんと実験的に検討すると、その真偽のほどが分かる。

## 動物を利用する植物

動物の本質は、文字通り動くことである。これに対し、植物は大地に根を生やして動けない。逃げられない彼らはひたすら動物に食われ、いかにも動物のために存在するかのような印象さえ受ける。しかしそんな彼らも、動き回れる動物を利用すべく様々な工夫をしている。

植物による動物の利用として最もよく知られたものは、昆虫による花粉の媒介であり、鳥による種子の分散である。花粉の媒介では、花はふつう媒介者への報酬として蜜を提供するが、なかには報酬を提供しないものもある。ランの仲間のオフリス属のある花はハチのような格好をしていて、蜜を分泌する代わりに匂い物質を出している。これに引かれた雄のハチは、花を雌と認めて執拗に交尾を試み、結果として花粉を身にまとって運ぶことになる。ここでも利用されるのは性的にアクティブな雄である。

花粉の媒介や種子散布は植物による繁殖のための動物の利用だが、植物は身を守るためにも動物を使う。キャベツがモンシロチョウの幼虫のアオムシに食害されるのはよく知られているが、最近の研究では、キャベツはただ食われているだけではなく、アオムシに食われた葉は特殊な揮発性物質を発散して、アオムシの天敵であるアオムシサムライコマユバチを呼び寄せているという。この天敵が来ればアオムシは駆逐され、キャベツとしては大助かりである。いわば、キャベツはアオムシの天敵を「雇っている」かのようであり、この天敵はキャベツの「ガードマン」ともいえる。

面白いことに、キャベツはコナガという蛾の幼虫の害も受けるが、このときにはコナガの天敵であるコナガサムライコマユバチを呼び寄せる。天敵にはそれぞれ寄主特異性があり、またキャベツも適切な天敵を呼ぶべく、適切な情報を発信しているのである。

この現象は京都大学生態学研究センターの高林純示さんのグループにより活発に研究されていて、多くの植物種が身を守るために虫たちを利用する様相が明らかにされている。

## 動物を食べる植物

最後に一つ、植物が動物を食べる話を紹介しよう。いわゆる「食虫植物」の話である。口のない彼らはどうやって虫を食うのだろう。

東南アジアの熱帯域に分布するウツボカヅラは、葉の先端を壷に変形させ、そこに虫やときには小型のネズミさえ陥れて栄養源にしている。ウツボカズラは「カズラ」が意味するように蔓植物で、他の植物に絡みつき、ときに地上一五メートルほどまで登る。上方の壷は花や果実に似た香りで飛翔性昆虫を呼び寄せ、下方の壷は甘い蜜を用意しておもにアリを呼び寄せる。壷の上部内面はワックスで滑りやすく、なかには粘度の高い液が溜まっており、落下した獲物の逃亡を防いでいる。獲物が落ち込むと壷は、私たちの胃液に似たタンパク分解酵素を分泌して犠牲者を溶かし、養分を壷の下部内面に密集する腺から吸収する。

北米の湿地に生息するハエトリグサは、縁に棘を備えた葉を二枚貝のように開いて、匂いによって獲物を呼び寄せる。呼び寄せられた侵入者は、葉の分泌する甘い蜜を舐めるのに熱中し、中心付近にある三対の感覚毛に触れる。この毛が二〇秒以内に二回触れられると、葉は突然、〇・五秒ほどの速さで閉じる。一回の刺激で葉が閉じないのは、雨粒など偶然の侵入物による誤動作を防ぐためとされ

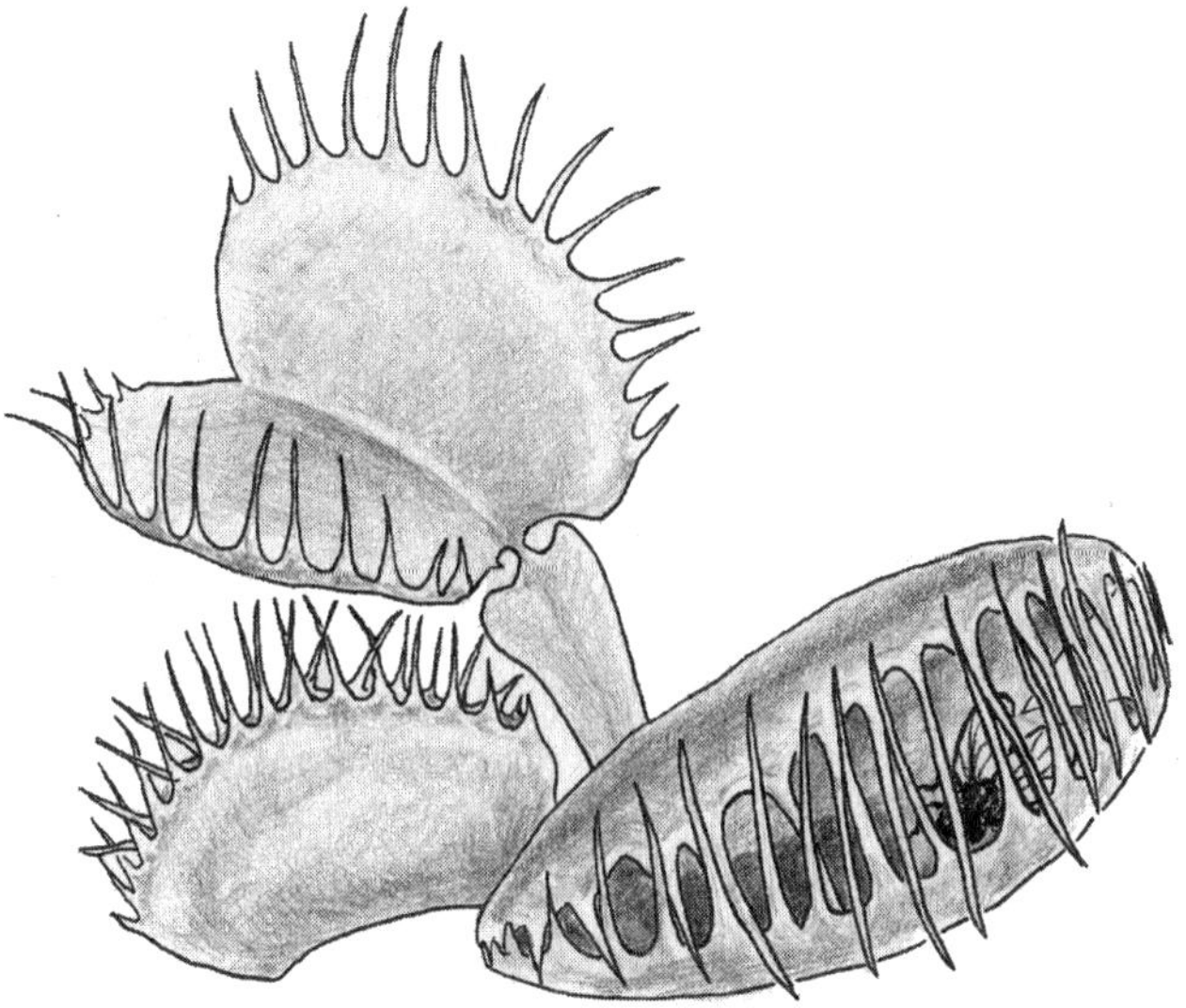

ハエを捕らえたハエトリグサ

ている。捕らえられた獲物はもがき、その運動は感覚毛をさらに刺激して葉の強い締め付けを導く。また消化液も分泌される。数時間後には消化された肉片が滴るほどだという。ハエトリグサは一週間から一〇日ほどかけてその養分を葉の表面から吸収し、再び葉を開いて次の獲物を待つ。

手も歯も胃袋ももたない食虫植物も、ちゃんと獲物を捕らえて消化吸収している。だがこのタイプの植物による動物利用の主目的は、動物のようなエネルギー源の獲得というよりは、むしろ彼らに不足しがちな窒素やリンの獲得である。彼らは、通常の植物の育ちにくい栄養的に痩せた土地で、特殊な手法によって繁栄している。このように、ある種の植物は必要な養分を得るために動物を「食べる」のである。

## 生物多様性

ここでは生きものたちの様々な工夫を見てきた。それらはこの地球を豊かにしている。よく「生物多様性は大切だ」といわれるが、それには三つの側面がある。

生物多様性としてもっとも広く受け取られているのが、様々な種がたくさんいることを指す「種の多様性」である。だが保全などの教科書には、さらに二つの多様性が記されている。「遺伝的多様性」と「生態的多様性」である。

私たちは個人により血液型が異なっており、またゲンジボタルは地域によって発光パターンが異なる。このように同一種内に遺伝的に異なるものが含まれるのも、生物多様性の大切な一面である。さらにここで紹介してきたように、生きものたちは栄養の獲得や被食回避のために様々なやり方をしている。こうした生態的な多様性も、私たちの地球を豊かにしている大切な側面である。

# 人口と食糧——私たちは何を食べるべきか

私たちの人口は年々増え、七〇億人を超えた。その数は大型動物の一種としては異常である。この異常を支えているのが農業である。私たちが何を食べるかは、どのような農業をするかに関わり、それはまた環境問題や私たちの健康とも関係する。身体にいい食事は、環境にもいいという証拠がある。人口と食べものの話を紹介しよう。

## 増える人口

最近の日本の出生率は減少傾向にあり、人口も減りつつある。これはある面においてあまり好ましくない。人口が減れば将来の働き手が減り、わが国の生産力は落ちる。また、少数の若者で多数の年寄りを支えなければならい、といった事態も生じる。そこでわが国では、人口を増やすべく「少子化担当大臣」が二〇〇七年に創設された。

しかし生態学に通じた人たちは、人口減少をむしろ好ましいと歓迎するはずである。ただこれは一国の問題ではなく、世界全体の問題としてである。人が増えれば食糧増産のための農地拡大や、エネルギー消費増大による二酸化炭素排出の増加といった問題が生じ、それらは自然破壊につながる。自然破壊は、結局は私たちに跳ね返ってくる。

地球上の人口は着々と増えている。それはインターネットで実感することができる。「世界の人口」(arkot.com/jinkou/)を見ると、現在の人口が数値で示されている。もちろん瞬時の人口など数えられないので、人口統計をもとに数値がプログラミングされているが、ともかく一秒ごとに二~三人ずつ確実に増えている。私たちが寝ていようがコーヒーを飲んでいようが、知ろうが知るまいが、世界の人口は増え続けている。二〇一四年一〇月一日に見たときには七二億一〇四八万九五九一人だったが、二〇一六年一〇月一日には七三億五四七一万六八二九人になっていた。

私たちは都会を作り、車や電車を走らせ、空調の利いた快適な部屋で暮らしている。そんな世界は自然と無縁のように感じられるが、そうではない。私たちが生きていくのに不可欠な食糧、清潔な水、きれいな空気すべては自然によって提供されている。私たちは、意識するしないにかかわらず、自然に組み込まれている。自然は、着々と増え続ける私たちをこれからも健全に支えてくれるだろうか。

## 私たちを支える環境

自然には法則がある。自然のなかの生きものは互いにつながっている。それはふつう「食う・食われる」の関係によってである。小鳥は虫を食べ、猛禽類は小鳥を食べる。このようなつながりを「食物連鎖」といっている。しかし実際には、一本の鎖というよりはもっと複雑で、カエルはハエも食べればアブも食べるし、カエルはヘビに食われればコウモリにも食われる。自然界は複雑に分枝・融合している。そこで「食物網」という言葉も使われている。いずれにせよ、自然界の主要な関係は「食う・食われる」によって成り立っている。

では、食物連鎖ないし食物網の出発点に位置するものは何だろう。そこに位置するものは、食われることはあっても食うことはない。これが植物である。植物は太陽光を使って自力で増殖する。そこで彼らは生態系の「生産者」と呼ばれる。これに対して動物は、植物や他の動物を食べるので「消費者」と呼ばれる。消費者のなかでも、イモムシやウシのように植物を直接食べるものを「一次消費者」、小鳥やライオンのように一次消費者を食べるものを「二次消費者」、さらに小鳥を食べる猛禽類を「三次消費者」といっている。このような位置づけを「栄養段階」といっている。そしてそこには一定の関係がある。

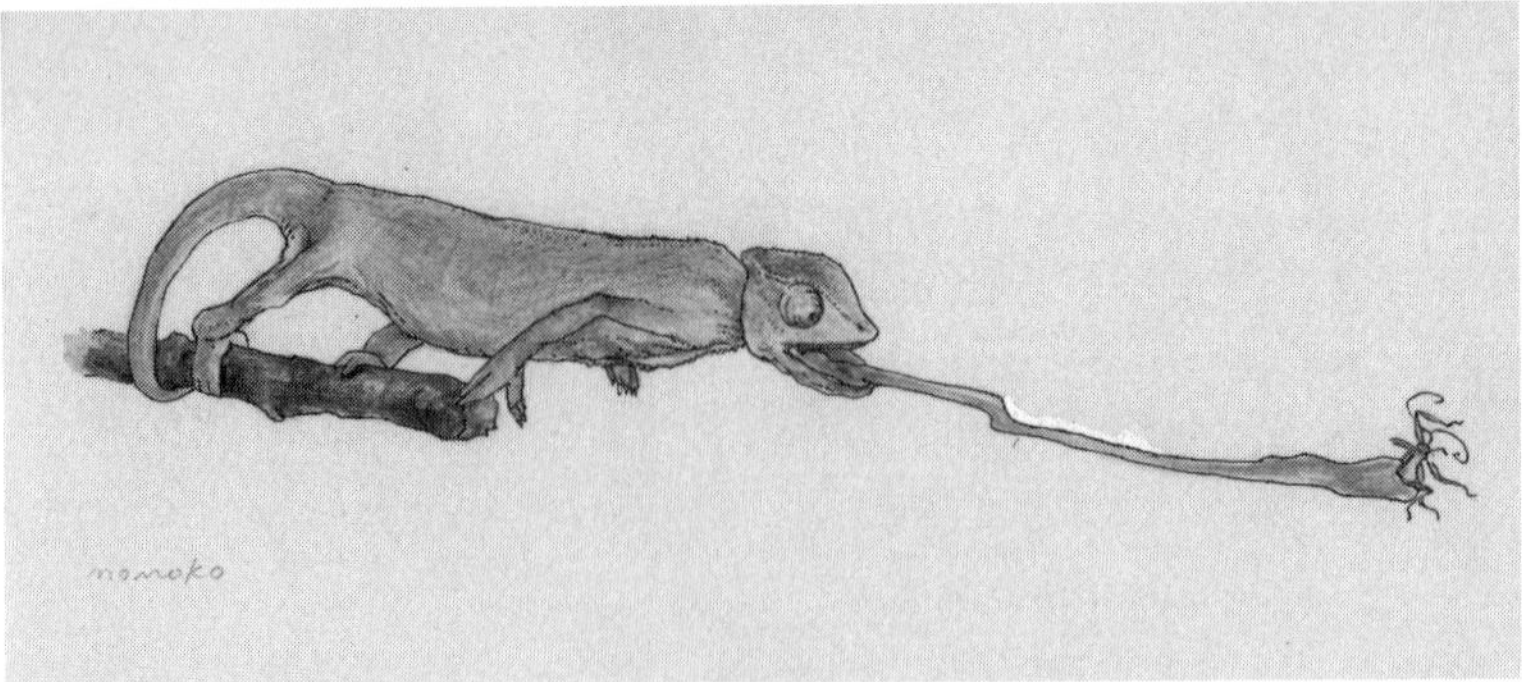

バッタを捕らえるカメレオン

まず、食うものは食われるものより総量が少ない。これは当然で、家計においても支出が収入を超えられないのと同じである。そこで、生産者を一番下に置いて、その上に一次消費者、二次消費者と順次重ねていくと、そこには底辺の広い三角形ができあがる。これを「生態ピラミッド」といっている。草原や森林、また湖といった生態系には、生産者や消費者がおり、このピラミッドの関係が成り立っている。生態系に含まれる種は、このピラミッドのどこかに位置している。

私たちも地球生態系に含まれている。では、どこにいるかというと、当然トップにいる。稀にライオンやクマに襲われることもあるが、それはヒトという種の日常的な出来事ではない。生態系のトップにいるものの総量は少ないはずである。しかしながら私たちは体重六〇キロもあり、しかも七〇億個体もいる。これは異常なことである。ほぼ同サイズの体重五〇キロのチンパンジーは、地球上には三〇万個体しかいない。

私たちの総量がいかに膨大であれ、生態系の頂点に立つ生きものには、それを支える下位の段階が必要である。それを私たちは農業で成り立たせている。もはや私たちは、ちょうどサンマやイワシを利用するように、まったくの自然が作り出す食糧だけでやっていくのは不可能である。農業や養殖業がこの異常な人類を支えているのである。

## 農業の始まり

では農業はいつ、どこで、誰によって始められたのだろう。

私たちは霊長類の一種として約二〇万年前にアフリカに現れた。そのころの人類の個体数は数万程度と推定されている。しかし原因は不明だが、およそ七万年前に人口は一時数千まで減った。それは見つかる遺跡の数やヒトの遺伝子解析から推定されている。その後、私たちの祖先はアフリカを離れ、アジア、ヨーロッパ、オーストラリア、南北アメリカ大陸へと、南極大陸を除くすべての大陸へ分布を広げた。人口は増えて数百万に達した。

私たちの人口がさらに急増したのは、農業を開始した約一万年前からである。それまでは、人々は獣を狩ったり木の実を集めたり「狩猟採集」生活を送っていた。狩猟採集は、環境の変動に依存した不安定なやり方で、ある地域の資源が減ると他の地域へ移動する半移動的な生活である。

中東のペルシャ湾北部からシリアを経てエジプト北東部に至る地域は「三日月地帯」と呼ばれ、そこで農耕が始まったとされている。その時期は最終氷河期の終わりに当たり、気候は次第に温暖化し、

水田のアカトンボ

自然は豊かな穀物を提供していた。当時の人々はこれを利用し、人口を増やしていった。人々は豊かな土地にこだわり、定住的な生活を送るようになっていた。

こうしたなか、短期間だが寒く乾燥した時期がやってきた。ヤンガードリアス期と呼ばれている。この乾燥した気候は、周囲の豊富な穀物を比較的水源の安定した谷間へと後退させてしまった。増えた人口を抱えた人々は、活発な狩猟活動を行うとともに、遠い谷間まで出かけて穀物を集めなければならなかった。つらく苦しい時を過ごすこととなった。なかには「かつてここにあった穀物を、ここに生やせないだろうか」と考えた人もいただろう。過去の豊富な穀物の記憶と、この時期の苦しい経験が、穀物栽培を考えるきっかけになっただろうと推定されている。また、これを考え出したのは女だろうとも推定されている。狩猟採集で狩猟を担ったのは男だが、採集を担ったのは女であり、彼女らは種子を手にしていたからである。

## 農耕の副産物

かくして私たちは農業を始め、食糧の安定供給へと移行した。しかしそれは様々な副産物を生み出した。農業の開始は半移動生活を定住生活へと変えた。また生産された穀物は蓄積が利くので、人々の間に富の偏りを生じさせた。さらに、ある集団の蓄積が豊かだと、それを奪おうとする集団が現れ、集団間の争いも引き起こした。こうして個人や集団に優劣関係が生じた。狩猟採集時代には人々はおおむね対等で、ものを分かち合って暮らしていたが、農耕は「協力」を「支配」に置き換えた。

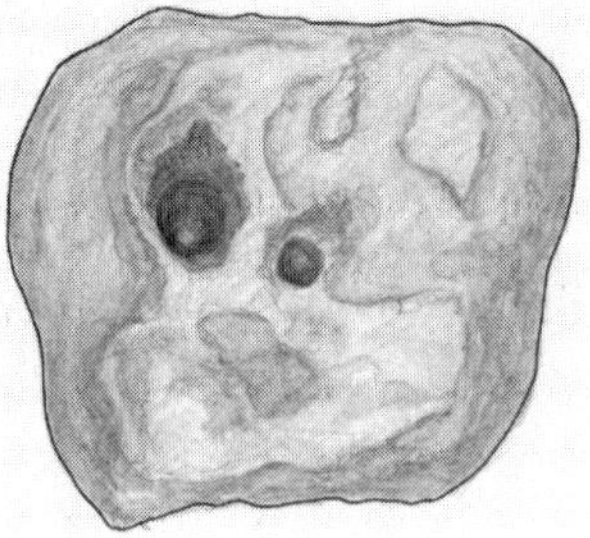

新石器時代の遺跡より見つかった治療痕（中央の小さな穴とその左の大きな穴）をもつ歯（上顎左の第二臼歯）（Coppa et al. 2006 より描く）

さらに栄養の点でも変化が生じた。狩猟採集では人々は動物性タンパク質を含む多様な食物を口にしていたが、農耕開始後は食糧の主体が穀物に移行したため、糖やデンプンといった炭水化物に偏ってきた。面白いことに、農耕開始以後の人類の化石には虫歯がよく見つかっている。しかも治療の痕まで認められている。医療機器もない時代によく歯に穴を開けられたと思うが、弓の弦に巻きつけた棒の先に尖った石を取り付け、弓を動かしながら回転させる弓錐《ゆみぎり》を使ったらしい。イタリアのラ・サピエンザ大学のアルフレド・コッパたちは、昔と同じ材料でこれを作って現在の人で試したところ、遺跡の歯と同様の穴を一分もかからずに開けることができたと報告している。

農業は水を必要とし、しばしば灌漑が行われたが、そこはマラリアを媒介するハマダラカの温床ともなっただろう。マラリアは古くからあり、狩猟採集時代にも人々を苦しめただろうが、とりわけ農耕時代に猛威を振るったことが、最近の遺伝学的研究から明らかにされている。

また農耕と平行してウシやヒツジなどの家畜を飼養することになったが、そうした動物たちは感染症の媒介者ともなっただろう。『疫病と世界史』（中央公論新社）の著者ウィリアム・マクニールは、ヒトと家畜がともに罹る病気の数を挙げている。ヒトとウシとの共通の病は五〇、ブタとは四二、ニワトリとは二六といった具合である。農耕開始後に始まった家畜との共存で、人々は様々な病気を背負い込むことになっただろう。

農業の開始によるこうしたマイナス面もあったが、安定した食糧供給は着実に人口を増加させた。二〇世紀の科学の発達は医学を生み、それまで厄介だった感染症は急速に抑え込まれ、人口はどんどん増えていった。

農耕生活の初期には、耕作や収穫に人々は体を使い適度の運動をしていたが、近代科学は機械による農作業を可能にし、今では体を使わずに豊富な食物を手に入れられるようになっている。その結果、甘い糖類や高脂肪の食事と運動不足が結びついて、肥満や循環系の障害による慢性病が蔓延することとなった。

こう見てくると、私たちを死へ追いやる要因は時代によって変わってきたことが分かる。人類初期の狩猟採集時代は、獣からの反撃や崖からの転落といった外傷がおもな要因だっただろう。農耕時代には家畜の保持による感染症が主要要因で、医学や衛生面の発達した現代では糖尿病、脳卒中、心臓病、がんといった非感染性の慢性病がおもな要因となっている。

## 何を食べるべきか

世界の人口は増加傾向にあるが、それには限界がある。地球表面に限りがあり、農地も生息地も無限には拡大できない。また過剰人口による二酸化炭素の排出は気候変動を招き、それは私たちにマイナスに作用している。その作用は今後ますます厳しくなるだろう。

国連の、増加を低く見積もった予測では、世界の人口は二〇五〇年頃にピークに達し、その後は徐々に減少するだろうという。『二〇五二　今後四〇年のグローバル予測』（日経BP社）の著者ヨルゲン・ランダースは、世界の人口は二〇四〇年代はじめに八一億のピークに達し、二一世紀後半には気候の悪化と自然の喪失から、少数の新興国を除くほとんどの国が大きな困難を背負い込むことになるだろうという。またある研究者は、地球が人々で満たされた時期を、その一〇分の一の人口のときに作られた慣習や倫理、法律でうまくやっていけるだろうか、と疑問を投げかける。二〇五〇年といえば、ごく近い将来である。今の子どもたちや若者はそれを経験する。その時期をより穏やかに過ごす、うまいやり方はないだろうか。

米国ミシガン大学の生態学者デヴィッド・ティルマンは、このほど「食」に関する論文を発表し、一つの提案をしている。

まずはじめに、最近の食事の変化傾向を一〇〇の国や民族を対象に過去五〇年にわたって調べ、どの国でも収入の増加に伴い、「肉類」や「空のカロリー食品（ビタミンなどを含まないカロリーだけの精製糖や油）」「高カロリー食品」が増加していることを明らかにした。

続いて膨大な（延べ一千万人年の）データをもとに、高収入に伴って拡大しつつある「近代食（高肉質、高糖質など）」と、三つの「伝統食」の健康に及ぼす影響を比べた。「伝統食」の一つは「菜食（ベジタリアン）」だが、ここでは完全に野菜しか食べないヴィーガンではなく、牛乳や卵を許容するタイプを採用している。二つ目は菜食に魚介類の加わった「魚菜食（ペスクタリアン）」で、三つ目は魚菜食に適量の肉（一三％、近代食は二八％）を含む「地中海食（メディテレニアン）」である。後者三種の「伝統食」は、前者の「近代食」に比べて、平均して糖尿病を二八％、がんを一〇％、心臓病を

二酸化炭素を吸収する森林。伯耆大山の裾野

二二％低下させていた。

さらに、これらの食品の生産に要する二酸化炭素排出量を検討し、二〇五〇年には「近代食」は二酸化炭素を一人あたり（一九九〇年に比して）三二％増加させることと、「地中海食」「魚菜食」「菜食」の排出量は二〇五〇年の「近代食」の予測値より、それぞれ三〇％、四五％、五五％少ないことを示した。二〇五〇年には三六％の人口増が見込まれるので、これを加味すると、「近代食」は八〇％の二酸化炭素増をもたらすが、後者三種の「伝統食」の平均増加率は〇％となった。つまり、もし私たちが「近代食」とは別の食品を選択するなら、食糧生産に伴う二酸化炭素排出量は二〇五〇年には一九九〇年と同じになる。ちなみに、現在の食糧生産に伴う排出量は、全排出量の二五％を占めている。

さらに「伝統食」の選択は、今後予想される五・四億ヘクタール（日本の面積の一四倍）の農地拡大を回避し、そこでの生物多様性の保全にも貢献する。

## より穏やかな未来へ

ティルマンの提案は面白い。ふつう環境問題というと「空調は控えめに」「通勤は公共の乗り物で」と、私たちに譲歩を迫るものが多かったが、彼の考えは違う。「私たちが自分の体にいいことをすると、環境にもいい」というのである。多くの人がこの提案を採用するなら、私たちは健康になり、環境も保全される。

だが問題は、「短命でいいから好きなものを存分に食べて、おもしろ可笑しく過ごしたい」という人がいる点である。私たちは他人の食事を制約することはできない。しかしここで重要なのは、ティルマンが資料を提供している点である。資料がなければ、私たちはただ「成り行き任せ」になるだろうが、何をすればどうなるかという資料は、私たちに選択の余地を与える。私たちが「賢い」選択をするなら、二〇五〇年の困難な時期は、いくぶんかは穏やかになりそうである。

# あとがき

本書のオリジナルな原稿は、冊子「知遊」に発表されたが、それは医療機器を扱うカワニシホールディングスが母体となるＮＰＯ法人・日医文化総研より出版されている。誌名の「知遊」は「治癒」に由来している。本書には二〇〇九年から二〇一八年にかけて「知遊」に書いたものをまとめたが、一冊の本としての体裁や新たな情報の取得などから、一部加えたり削除・修正などを行った。しかしその本質は大きく変わっていない。

本書のオリジナルな原稿を書くにあたり、カワニシホールディングスの前島智征会長からは有意義な機会をいただいた。「知遊」の編集人である白玄舎の佐藤徹郎氏からは多くの助言や励ましをいただいた。本書に掲載された絵については、私の妻の友人である藤井さんの二人の娘さんに描いていただいた。藤井さんは、姉の麻里さんが雛人形の製作に携わり、妹の桃子さんが藁ジュエリーの創作に取り組み、母がトールペイントを教える芸術一家である。本書を一冊の本としてまとめるに当たっては、昭和堂の松井久見子さんに詳細にわたって手を入れていただくなど大変お世話になった。これらの方々に心よりお礼申し上げます。

# 参考文献


江川紳一郎　1991「ナマズと地震予知」『地震ジャーナル』12：8 -14。

ドゥ・ヴァール、F　1994『政治をするサル』西田利貞訳、平凡社。

Conroy, R. T. W. L, Mills, J. N. 1970 Human Circadian Rhythms. J. & A. Churchill, London.

Coppa, A., Bondioli, L., Cucina, A. et al. 2006 Early Neolithic tradition of dentistry. *Nature* 440: 755-756.

Day, R. H. 1972 Visual spatial illusions: a general explanation. *Science* 175: 1335-1340.

Delis, D. C., Robertson, L. C., Efron, R. 1986 Hemispheric specialization of memory for visual hierarchical stimuli. *Neuropsychologia* 24: 205-214.

Glickman, S. E., Sroges, R. W. 1966 Curiosity in zoo animals. *Behaviour* 26: 151-188.

Hauser, M. D., MacNeilage, P., Ware, M. 1996 Numerical representations in primates. *Proc. Natl. Acad. Sci. USA* 93: 1514-1517.

Hess, E. H. 1956 Space perception in the chick. *Sci. Amer.* 195: 71-80.

Lorenz, K. 1943 Die angeborenen Formen möglicher Erfahrung. *Z. Tierpsychol.* 5: 275-409.

Sackett, G. P. 1966 Monkeys reared in isolation with pictures as visual input: evidence for an innate releasing mechanism. *Science* 154: 1463-1473.

Schober, H., Rentschler, I. 1979 Das Bild als Schein der Wirklichkeit. Moos, München.

Segall, M. H., Campbell, D. T., Herskovits, M. J. 1966 The influence of culture on visual perception. Bobbs-Merrill Co., Indianapolis.

Wilkinson, G. S. 1984 Reciprocal food sharing in the vampire bat. *Nature* 308: 181-184.

■著者紹介

今福道夫（いまふく みちお）

京都大学大学院理学研究科修了、京都大学名誉教授。

専門は動物行動学。

おもな著作に『時間生物学』（分担執筆、朝倉書店、1978年）、『渚の生物』（分担執筆、海鳴社、1981年）、『ヤドカリの殻交換』（さ・え・ら書房、1988年）、『ヤドカリの海辺』（フレーベル館、1998年）、『新しい教養のすすめ　生物学』（分担執筆、昭和堂、2003年）、『リズム生態学』（分担執筆、東海大学出版会、2008年）、Evolution in the dark. Adaptation of *Drosophila* in the laboratory（共著、Springer, 2014）など。

おとなのための動物行動学入門

2018年8月10日 初版第1刷発行

著　者　今福道夫

発行者　杉田啓三

〒607-8494 京都市山科区日ノ岡堤谷町 3-1

発行所 株式会社 昭和堂

振込口座 01060-5-9347

TEL(075)502-7500/FAX(075)502-7501

ホームページ http://www.showado-kyoto.jp

Ⓒ今福道夫 2018

印刷 亜細亜印刷

ISBN 978-4-8122-1729-0

＊落丁本・乱丁本はお取り替えいたします。

Printed in Japan

本書のコピー、スキャン、デジタル化等の無断複製は著作権法上での例外を除き禁じられています。本書を代行業者等の第三者に依頼してスキャンやデジタル化することは、たとえ個人や家庭内での利用でも著作権法違反です。

阿部健一 編　生物多様性　子どもたちにどう伝えるか　本体2200円

山村則男 編　生物多様性どう生かすか　保全・利用・分配を考える　本体2200円

日高敏隆 編　生物多様性はなぜ大切か　本体2300円

日高敏隆 著　ぼくの生物学講義　人間を知る手がかり　本体1800円

和田英太郎・神松幸弘 編　安定同位体というメガネ　人と環境のつながりを診る　本体2200円

中道正之 著　ゴリラの子育て日記　サンディエゴ野生動物公園のやさしい仲間たち　本体2300円

昭和堂

（表示価格は税別）